U0663815

化学工业出版社"十四五"普通高等教育规划教材

仪器分析实验

（第二版）

卢亚玲　陈　朋　穆金城　主编

化学工业出版社

·北京·

内容简介

《仪器分析实验》(第二版)是在《仪器分析实验(第一版)》的基础上,根据高等院校化学相关专业的教学要求、分析仪器的发展前沿以及本校仪器现状编写而成。本书注重培养学生的动手能力、团队合作能力、发现问题和解决问题的能力,贯彻以学生为本,实现知识、能力和素质协调发展的教育理念。全书共16章,选取了52个实验,涵盖了仪器分析实验的基本知识、紫外-可见吸收光谱法、红外吸收光谱法、荧光分光光度法、原子发射光谱分析法、原子吸收光谱分析法、原子荧光光谱分析法、电位分析法、伏安分析法、库仑分析法、气相色谱法、高效液相色谱法、色谱-质谱联用法、核磁共振波谱法、X射线衍射法、拉曼光谱法、仪器分析的质量保证和质量控制、实验数据的统计分析和模拟,以及仿真实验等,涉及仪器分析实验核心内容。

《仪器分析实验》(第二版)是基础性实验教材,适合化学、化工、生物、食品、制药、农业等相关专业本专科学生使用,也可供高等学校相关专业师生和其他科技工作者参考。

图书在版编目(CIP)数据

仪器分析实验 / 卢亚玲,陈朋,穆金城主编 .

2版 . — 北京 : 化学工业出版社,2025. 4. —(化学工业出版社"十四五"普通高等教育规划教材). — ISBN
978-7-122-47669-2

Ⅰ. O657-33

中国国家版本馆 CIP 数据核字第 2025LW6758 号

责任编辑:李 琰   装帧设计:关 飞

责任校对:王 静

出版发行:化学工业出版社(北京市东城区青年湖南街13号 邮政编码100011)

印 装:三河市君旺印务有限公司

787mm×1092mm 1/16 印张12 字数288千字 2025年6月北京第2版第1次印刷

购书咨询:010-64518888   售后服务:010-64518899

网 址:http://www.cip.com.cn

凡购买本书,如有缺损质量问题,本社销售中心负责调换。

定 价:32.00元   版权所有 违者必究

《仪器分析实验》（第二版）编写人员名单

主　　　　编：卢亚玲　陈　朋　穆金城

副　主　编：贾清华　韩爱芝　陈亚辉

所有参编人员：（按姓氏汉语拼音排序）

陈　朋　　陈亚辉　　崔天伊　　韩爱芝　　贾清华　　李佳洁

李雅雯　　卢亚玲　　穆金城　　孙　源　　唐风琴　　颜菀旻

赵苏亚

主　　　　审：白红进

前　言

　　仪器分析实验是化学、化工、生物、食品、药学、农业等多个专业领域的基础专业实验课程之一，是仪器分析课程教学中的重要实践环节。学好该课程，不仅可以培养学生分析仪器的操作技能、锻炼实践能力，还可以增强学生的创新思维、综合实践能力以及分析解决问题的能力。仪器分析实验体现学科交叉，是科学与技术高度结合的综合性课程，加强仪器分析实验教学，对于培养学生的科学素养，锤炼严谨、实事求是的科学作风具有重要的意义。

　　本书涉及的仪器既有国民经济中应用广泛的经典分析仪器，也有具有较大应用潜力的大型或新型仪器。在每个章节中，介绍了仪器基本原理、仪器结构和实验方法等内容，使学生对分析仪器具有更全面的了解。

　　本书第一版在 2019 年出版，经过多年使用，得到广大师生的好评。在保留第一版原有特色及不增加过多篇幅的基础上，对实验内容进行了提炼、补充和优化，力求结合实际又面向未来，更加突出实验方法"实用、适用、先进性和科学性"，更符合教学需求和学生学习规律。本书充分吸收了仪器分析及实验教学改革的成果，根据学科发展，对实验内容进行了必要的增减和修改。根据实验室条件，优化了基本仪器的操作规程，以提高本书的适用性。增加了常用基本仪器的维护，方便学生在规范仪器操作的同时，学会仪器维护。增加了仿真实验，以提高本书的全面性和先进性，提高学生的学习兴趣。兼顾各专业的特点和需求，优化了部分实验内容，适当提升了某些实验内容的深度，以满足不同层次和专业学生的发展要求。

　　本书由卢亚玲、陈朋、穆金城任主编，贾清华、韩爱芝、陈亚辉任副主编。全书由主编统稿、定稿。本书的出版得到化学工业出版社的高度重视和大力支持，在此表示诚挚的感谢。本书的编写，还得到塔里木大学仪器分析一流课程（TDYLKC202413）的支持，在此一并表示感谢。

　　由于编者的水平有限，本书难免存在疏漏及不当之处，恳请专家和读者批评指正，提出宝贵的意见，共同提升本书的质量。

编　者

2024 年 11 月

第一版前言

仪器分析实验是实践性很强的课程，需要严格的实验操作技能训练。通过本课程的学习，可使学生进一步理解各种基础仪器的理论、结构和工作原理，正确掌握仪器的基本操作和基本技能，了解各类仪器分析方法的应用。旨在培养学生严谨的科学态度，提高实践动手能力和数据分析能力，培养学生运用仪器分析的手段解决科研、生产及其他实际问题的能力。

《仪器分析实验》是编者在总结长期仪器分析实验教学实践的基础上，根据仪器分析实验教学大纲的要求，汲取国内外仪器分析实验教材、专著和文献的优点，并结合本校现有仪器实验条件以及部分教师的科研成果整理编写而成。为了适应不同专业、不同层次的教学要求，在编写过程中，编者遵循"基础性、适用性、灵活性、先进性"的原则，对实验原理、仪器结构阐述清晰，对实验步骤、仪器操作、注意事项进行详细叙述，以便读者能预习和独立完成实验。全书共选取了 50 个实验，分布在 16 章中，可供不同层次和不同实验条件的使用者选择。

《仪器分析实验》有如下几个特点：（1）将各仪器的方法原理、仪器结构与实验技术紧密结合，以各方法原理指导实验，并通过实验加深对原理的理解、仪器结构的熟悉，达到理论与实践融会贯通；（2）根据实验开设需求，在实验步骤中插入仪器操作过程，学生根据实验步骤和注意事项，基本上能完成整个实验，并学会对仪器的基本维护和保养；（3）实验内容上，在满足教学基本要求的前提下，根据教学、科研以及分析测试的需求，在介绍常用的分析仪器的基础上，兼顾大型进口仪器的使用，增加色谱-质谱联用法和核磁实验的比例，拓宽可开设仪器分析实验的范围；（4）实验结果上，强调仪器分析的质量保证和质量控制，用以评价实验结果的可靠性，达到学以致用；（5）数据处理上，增加实验数据的统计分析，有助于提升学生实验数据的处理能力，应用性较广。

《仪器分析实验》由卢亚玲、汪河滨任主编，穆金城、韩爱芝任副主编。全书由卢亚玲、汪河滨统稿、定稿。本教材的出版得到化学工业出版社的高度重视和大力支持，在此表示诚挚的感谢。本书的编写，还得到塔里木大学应用化学专业综合改革试点（220101613），塔里木大学仪器分析重点课程（220101443）的支持，在此一并表示感谢。

《仪器分析实验》是基础性实验教材，适用于化学、化工、生物、食品、制药、资环等相关专业本专科学生使用，也可供高等学校相关专业师生和科技工作者参考。

《仪器分析实验》的编写是教学改革的尝试，有些问题有待于进一步的推敲和探索，限于编者的学识水平，本书难免存在疏漏与不当之处，恳请专家和读者批评指正。

编　者

2019 年 6 月

目　录

第 15 章　仪器分析的质量保证和质量控制 ················· 135

第 16 章　实验数据的统计分析和模拟 ····················· 149

附录 ·· 171

参考文献 ·· 180

第1章
仪器分析实验的基本知识

1.1 仪器分析的地位与作用

　　仪器分析是分析化学的重要组成部分，是以物质的物理或物理化学性质为基础建立起来的一类分析方法。仪器分析是以多种基础自然科学、技术科学与系统科学为基础发展起来的科学与技术高度结合的多学科交叉融合的一门综合性学科，已成为研究各种化学理论和解决实际问题的重要手段，对基础化学、食品化学、环境化学、材料化学、生物化学、生命科学等学科的发展起到了极大的促进作用，在化工、医药、食品、环保、轻工等行业中均有着广泛的应用。仪器分析是高等学校化学、应用化学、化工、生物、食品、环境、材料、药学等专业的重要基础课，熟悉和掌握各种现代仪器分析的原理和操作技术是相关专业学生必备的基本素质，对于培养企事业单位需求的专业人才起着重要的作用。

　　近年来，随着科学技术的不断发展，新仪器、新方法不断涌现，仪器分析技术得到了进一步的提高，新的仪器分析技术也推动了各行业的发展和社会的进步。在食品行业中，仪器分析在食品分析中占有非常重要的地位，尤其是在近年来越来越严峻且迫切需要解决的食品安全问题，使人们对仪器分析在灵敏度、检测速度等方面提出了更高的要求；在能源领域中，石油、煤炭等资源的勘探、冶炼等需要仪器分析；在农业领域中，农药、化肥等需要使用仪器分析进行检测，各种农产品的蛋白质、糖分等营养成分，农药残留、重金属等有害成分的分析检测等需要仪器分析；在环境领域，环境监测是环境保护的重要组成部分，仪器分析则是环境监测的重要手段；在医药行业中，医学检测实际上就是利用仪器分析检测各种疾病，药物分析是药物生产和使用过程中非常重要的一个环节，其主要手段也是仪器分析；在轻工业行业中，造纸、纺织、印刷等需要借助仪器分析手段；在当前迅速发展的材料领域，各种新材料的研究、生产和使用都广泛用到了仪器分析。因此，仪器分析在国民经济众多行业中起着越来越重要的作用。

1.2 仪器分析实验的基本要求

（1）认真预习

实验前必须认真地预习实验内容，写好预习报告，作好实验安排。预习时，应结合仪器原理、仪器结构相关内容，查阅参考资料，做到实践与理论融会贯通。对于初次接触的仪器，要提前学习仪器的基本操作，保证仪器操作规范化。

（2）爱护仪器设备

仪器分析实验使用的一般都是大型贵重精密仪器，要正确使用并定期做好各种仪器的维护工作。各种仪器都要征得仪器负责人和实验室负责人同意后，方可使用。使用时要进行必要的仪器操作培训，并严格遵守仪器操作规程，未经允许不可私自开启设备，以防损坏仪器，未经相关责任部门允许，不得将仪器设备随意搬动或外借。

（3）遵守实验纪律

严格遵守实验纪律，不迟到早退、不缺席。实验中保持安静，听从实验负责老师的安排，保持实验室内整洁，保证实验台面干净、整齐。仪器使用过程中，遇到问题，及时向实验负责老师请教。

（4）注意安全

实验时必须注意安全，遵守实验室有关规章制度。实验过程中，必须细心、谨慎，严格按照仪器操作规程进行。若仪器设备发生故障或损坏，首先要切断电源和气源，并立即报指导教师进行处理。不得在实验室放置强酸、强碱及腐蚀性气体，以防止仪器被腐蚀。

（5）实验结束后的整理

实验结束后，清洗玻璃器皿，对仪器进行清洁维护，将仪器复原至最初状态，清洁实验台面和地面，关好水、电、门窗，填写使用登记本。实验结束后经指导教师检查、批准后方可离开实验室。

（6）书写实验报告

实验完成后，及时书写实验报告，实验报告格式包括姓名、日期、实验题目、实验目的、实验原理、仪器和试剂、实验步骤、数据与结果处理、注意事项、思考题等。

1.3 仪器分析实验室安全规则

（1）不得在实验室内饮食、抽烟、使用化妆品。实验操作用的玻璃器皿不能用来盛装食物和饮料，实验室的冰箱、冰柜不可存放食物。

（2）实验人员必须掌握实验仪器的原理、结构，认真学习实验仪器的安全技术操作规程，熟悉各仪器的使用方法及注意事项。实验人员进入实验室应穿实验服。

（3）所有药品、试剂必须放于指定位置，且具有正确清晰的标签，包括名称、浓度、规格、配制日期等，按正确方法取用。在进行涉及有毒有害、有刺激性、有腐蚀性、易燃物质时，应采取安全防范措施，佩戴防护手套、防爆面具、防护镜，实验过程必须在通风橱内进行。

（4）仪器设备运行时，实验人员不得离开现场。对于长时间连续进行的实验，可以轮流照看。实验使用过程中产生的废液、废渣应及时按规定收集、排放、处理。禁止将废液倒入下水道。

（5）使用电器设备时，应特别小心，不能用湿的手接触电闸和电器插头。在使用电加热过程中，实验人员不得离开。

（6）正确规范操作实验，实验过程谨防强酸、强碱、液氮、强氧化剂等灼伤皮肤。

（7）实验过程中，易燃溶剂加热时，避免使用明火。

（8）实验室常用的高压储气钢瓶和一般受压的玻璃仪器，必须掌握其有关常识，规范操作，避免使用不当导致爆炸。

（9）发生事故时，保持冷静，采取应急措施防止事故扩大，如切断电源、气源，使用灭火器材，并报告教师。

1.4 仪器分析实验用水

1.4.1 实验室用水规格

根据国家标准《分析实验室用水规格和试验方法》（GB/T 6682—2008）规定，实验用水分为三个等级，即：一级水、二级水和三级水。

一级水用于严格要求的分析实验，包括对颗粒有要求的实验，如高效液相色谱用水。一级水可用二级水经石英设备蒸馏或离子交换混合床处理后，再经过 $0.2\mu m$ 微孔滤膜过滤来制取。

二级水用于无机痕量分析等实验，如原子吸收光谱法用水，可用多次蒸馏或离子交换等方法制取。

三级水用于一般化学分析实验，可用蒸馏或离子交换等方法制取。

各级用水均使用密闭的、专用聚乙烯容器盛装。三级水也可使用密闭、专用的玻璃容器。实验室使用的蒸馏水，为保持纯净，蒸馏水瓶要随时加塞，使用专用虹吸管，且内外均应保持干净。蒸馏水瓶附近不要存放浓氨水、HCl 等易挥发试剂，以防污染。通常用洗瓶取蒸馏水。用洗瓶取水时，不要取出其塞子和玻璃管，也不要把蒸馏水瓶上的虹吸管插入洗瓶内。

一般情况，普通蒸馏水保存在玻璃容器中，去离子水保存在聚乙烯塑料容器中。用于痕量分析的高纯水，如二次亚沸石英蒸馏水，则需要保存在石英或聚乙烯塑料容器中。

水的纯度通常以水中所含杂质的相对含量来表示。但当水达到一定纯度后，水中的杂质总量很少，个别杂质的浓度更低，有些甚至不易检出。因而，在这种情况下，常用水的电导率（或电阻率）来表示水的纯度。由于纯水中 H^+ 和 OH^- 的浓度都是 $10^{-7} mol \cdot L^{-1}$，其电导率很低，几乎不导电。假如水中含有某些杂质，如可溶性盐等，由于杂质离子能导电，其电导率值迅速上升，因此水的电导率与水的纯度密切相关。实验室用水的测定，可根据国标 GB/T 6682—2008 规定的实验方法进行纯度的检测与分析，也可根据各实验室分析任务的要求和特点对实验用水进行一些项目的检查。

1.4.2　各种纯度水的制备

（1）蒸馏水

将自来水在蒸馏装置中加热汽化，然后将蒸汽冷凝即可得到蒸馏水。由于杂质离子一般不挥发，所以蒸馏水中所含杂质比自来水少得多，比较纯净，可达到三级水的指标，但还有少量金属离子、二氧化碳等杂质。

（2）二次蒸馏水

为了获得比较纯净的蒸馏水，可以进行重蒸馏，并在准备重蒸馏的蒸馏水中加入适当的试剂以抑制某些杂质的挥发。如加入甘露醇能抑制硼的挥发。加入碱性高锰酸钾可破坏有机物并防止二氧化碳蒸出。二次蒸馏水一般可达到二级水指标。第二次蒸馏通常采用石英亚沸蒸馏器，其特点是在液面上方加热，使液面始终处于亚沸状态，可使水蒸气带出的杂质含量减至最低。

（3）去离子水

去离子水是使自来水或普通蒸馏水通过离子交换树脂柱后所得的水。制备时，一般将水依次通过阳离子树脂交换柱、阴离子树脂交换柱、阴阳离子树脂混合交换柱。这样得到的水纯度比蒸馏水纯度高，质量可达到二级或一级水指标，但对非电解质及胶体物质无效，同时会有微量的有机物从树脂中溶出。因此，可根据需要将去离子水进行重蒸馏以得到高纯水。市售 70 型离子交换纯水器可用于实验室制备去离子水。

（4）特殊用水的制备

无氨水：①每升蒸馏水中加 25mL 5％的氢氧化钠溶液后，再煮沸 1h，然后检查氨离子；②每升蒸馏水中加 2mL 浓硫酸，再重蒸馏，即得无氨蒸馏水。

无二氧化碳蒸馏水：煮沸蒸馏水，直至煮去原体积的 1/4 或 1/5，隔离空气，冷却即得，此水应储存于连接碱石灰吸收管的瓶中，其 pH 值应为 7。

无氯蒸馏水：将蒸馏水在硬质玻璃蒸馏器中先煮沸，再进行蒸馏，收集中间馏出部分，即得无氯蒸馏水。

1.5　玻璃器皿的洗涤

仪器分析实验中所使用的玻璃器皿应洁净，要求其内外壁应能被水均匀浸润，且不挂水珠。在分析工作中，对于不同的分析过程，应有不同的洗涤要求。

分析实验中常用的烧杯、锥形瓶、量筒、量杯等一般玻璃器皿，可用毛刷蘸去污粉或合成洗涤剂刷洗，然后用自来水冲洗干净，再用蒸馏水或去离子水润洗 2～3 遍。

对于具有精确刻度的仪器，如容量瓶、移液管、吸量管、滴定管的洗涤，可采用合成洗涤剂洗涤。洗涤方法是：将配制的浓度为 0.1％～0.5％的洗涤液倒入容器中，浸润几分钟，充分润洗容器内壁，然后用自来水冲洗干净，再用蒸馏水或去离子水润洗 2～3 遍。如未洗干净，可用铬酸洗液洗涤。

光度法用的比色皿是光学玻璃或石英材质，不能用毛刷刷洗，应根据不同情况采用不同的洗涤方法，视沾污情况，选用铬酸洗液、HCl-乙醇等浸泡，一段时间后冲洗干净。

色谱用的样品瓶或进样瓶的清洗是色谱实验室很重要的一件事，如果清洗不彻底，有可能影响下次测定的结果。色谱进样瓶以玻璃材质为主，极少是塑料材质。进样瓶一次性使用的成本太高、浪费大，也易对环境造成污染，大多数实验室都是将进样瓶清洗后重复使用。目前，常用清洗进样瓶的方式主要是加入洗衣粉、洗涤剂、有机溶剂、酸碱洗液，然后用定制的小试管刷刷洗。采用这种常规的刷洗法缺点很多，需要洗涤剂和水的用量大，洗涤时间长，也容易留有死角。如果是塑料进样瓶，容易在内壁留下刷痕。对于清洗色谱或质谱用的进样瓶，根据污染程度选择清洗方式，可先用清水冲洗，以蒸馏水或甲醇、乙醇多次超声清洗，再加蒸馏水超声、润洗干净、烘干。如果进样瓶很脏，可用强氧化清洗液（重铬酸钾）浸泡。在分析的时候进样瓶垫要及时更换，特别是分析农产品之后，不然会影响分析结果。

新的玻璃器皿表面常附有游离的碱性物质，可先用热合成洗液或肥皂水刷洗，流水冲洗，在2%盐酸溶液内浸泡数小时后，用自来水冲洗干净，再用蒸馏水或去离子水润洗2~3遍。

玻璃器皿的洗涤方法很多，应根据具体实验的要求、沾污情况、污物性质进行选用。一般来说，附着在仪器上的脏物有尘土、不溶性杂质、可溶性杂质、有机物、油污等。针对这些脏物可以分别采用以下方法洗涤。

（1）刷洗

用水和毛刷刷洗，除去仪器内壁的尘土及其他物质，需要注意毛刷的大小和形状要合适，不同的器皿选用不同的毛刷。如洗圆底烧瓶、容量瓶时，毛刷要适当弯曲才能接触到瓶的全部内表面，脏、旧、秃头毛刷要及时更换，以免戳破、划破或污染仪器。

（2）合成洗涤剂清洗

洗涤时先加水将玻璃器皿湿润，再用毛刷蘸少量去污粉或合成洗涤剂将仪器内外刷洗，然后用水冲洗干净。

（3）铬酸洗液洗涤

待洗涤器皿应尽量保持干燥，再倒入少许铬酸洗液于器皿内，转动器皿使其内壁被洗液浸润。如有必要，可用洗液浸泡数小时，然后将洗液倒回原瓶内以备再用，再用水冲洗器皿内壁残留的洗液至干净。若用热的洗液洗涤，去污能力更强。洗液主要用于洗涤一些口小、管细等形状特殊的器皿，如小容量瓶、吸管等。

洗液具有强酸、强氧化、强腐蚀性，在使用过程中需要特别注意：洗涤的容器不宜有水，以免稀释而洗液失效；洗液可反复使用，用后倒回原瓶；洗液的瓶塞要紧，以防止吸水失效；洗涤过程中，要注意安全，洗液不可溅到皮肤和衣服上；注意洗液的颜色，当洗液的颜色由原来的深棕色变为绿色，表示洗液已失效不能再用，其有效成分 $K_2Cr_2O_7$ 被还原为 $Cr_2(SO_4)_3$。

（4）酸性洗液洗涤

① 粗盐酸　粗盐酸可以洗去附在容器内壁上的氧化剂等大多数不溶于水的无机物，如 MnO_2。因此，在刷洗不到或不宜刷洗的仪器时，可以用粗盐酸洗涤。如灼烧过沉淀物的磁坩埚可用1∶1的盐酸洗涤，洗涤过后的粗盐酸可以回收重复使用。

② 盐酸-酒精洗液（1∶2）　适用于洗涤被有机染料染色的器皿。

③ 盐酸-过氧化氢洗液　用于洗涤残留在容器上的 MnO_2，如过滤 $KMnO_4$ 用的砂芯漏斗，可用此洗液刷洗。

④ 硝酸-氢氟酸洗液　此洗液是用来洗涤玻璃器皿和石英器皿的优良洗涤剂，可避免杂质金属离子的黏附。常温下，该洗涤剂可储存于塑料瓶中，具有洗涤效率高、清洗速度快的优点，但是对油脂及有机物的去除能力差，对皮肤具有强腐蚀性，在操作过程中要格外小心。然而由于该洗液对玻璃和石英器皿具有腐蚀作用，不能用于精密玻璃仪器、标准磨口仪器、比色皿、光学玻璃、砂芯漏斗、活塞、精密石英部件等的洗涤。

（5）碱性洗液

碱性洗液用于洗涤油脂和有机物，由于作用较慢，一般要浸泡 24h 或采用浸煮的方法。使用碱性洗液时，要特别注意碱液的腐蚀性，不能溅到眼睛里。

① 氢氧化钠-高锰酸钾洗液　用该洗液洗过后，在器皿上会留下 MnO_2，可再用盐酸洗涤。

② 氢氧化钠（钾）-乙醇洗液　此洗液对油脂的洗涤效力比有机溶剂高，但是不能与玻璃器皿长期接触。

（6）超声波清洗

超声波清洗是一种新的清洗方法，其作用原理是利用超声波在液体中的空化作用，当超声波在形成气泡后，突然破裂（闭合）的瞬间发出的冲击波能在其周围产生上千个大气压力，这种连续不断产生的瞬间高压强烈冲击污层表面，破坏污物与清洗件表面的吸附，也会使清洗件表面及缝隙中的污垢迅速剥落分散到清洗液中，从而达到清洁净化表面的目的。

第 2 章

紫外-可见吸收光谱法

2.1 基本原理

紫外-可见吸收光谱法（也称紫外-可见分光光度法）是根据物质分子对波长为 $200 \sim 780nm$ 范围的电磁波的吸收特性所建立起来的一种定性、定量和结构分析方法。当一束平行单色光通过均匀、非散射的待测溶液时，溶液的吸光度（A）与吸光物质的浓度（c）和液层厚度（b）的乘积成正比，即：$A = \varepsilon bc$，为光的吸收定律，也称 Lambert-Beer 定律。式中，ε 为摩尔吸光系数，是各物质在一定波长下的特征常数，也是显色反应灵敏度的重要标志。紫外-可见分光光度法操作简单、准确度高、重现性好。在实际测定过程中，用已知准确浓度的标准溶液作为测定对象，测得其吸光度值，绘制标准曲线（A-c 曲线）。根据待测溶液在相同条件下的吸光度数值，可从标准曲线上查得待测液的浓度。此外也可采用比较法和标准加入法进行测定。

2.2 仪器结构

紫外-可见分光光度计（也称紫外-可见吸收光谱仪）是分光光度分析法中最常用的仪器。紫外-可见分光光度计的基本结构由五部分组成，即光源、单色器、样品池（吸收池）、检测器和显示器（信号读出装置），如图 2-1 所示。

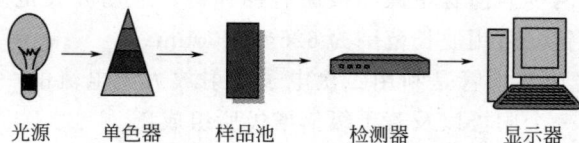

光源　　单色器　　样品池　　检测器　　显示器

图 2-1　紫外-可见分光光度计基本结构示意图

（1）光源

光源的作用是提供分析所需的连续光谱。紫外-可见分光光度计常用的光源有热光源和气体放电灯两种。

热光源有钨灯和卤钨灯。钨灯是可见光区和近红外区最常用的光源，它适用的波长范围为 $320\sim2500nm$。钨灯靠电能加热发光，要使钨灯光源稳定，必须对钨灯的电源电压严加控制，需要采用稳压变压器或电子电压调制器来稳定电源电压。卤钨灯即在钨灯中加入适量的卤化物或卤素，灯泡用石英制成。卤钨灯有较长的寿命和较高的发光效率。

紫外区的气体放电灯包括氢灯和氘灯，使用的波长范围为 $165\sim375nm$。氘灯的光谱分布与氢灯相同，但其光强度比同功率的氢灯要大 $3\sim5$ 倍，寿命比氢灯长。

（2）单色器

单色器的作用是将光源发出的复合光分解为按波长顺序排列的单色光。它的性能直接影响入射光的单色性，从而影响测定的灵敏度、选择性和校正曲线的线性关系等。单色器由入射狭缝、反射镜、色散元件、聚焦元件和出射狭缝等几部分组成，其关键部分是色散元件，起分光作用。色散元件有两种基本形式：棱镜和光栅。

① 棱镜　由玻璃或石英制成。玻璃棱镜用于 $350\sim3200nm$ 的波长范围，它吸收紫外光而不能用于紫外分光光度分析。石英棱镜用于 $185\sim400nm$ 的波长范围，它可用于紫外-可见分光光度计中，作分光元件。物质对光的折射率随着光的频率变化而变化，这种现象称为色散。利用色散现象可以将波长范围很宽的复合光分散开来，成为许多波长范围狭小的单色光，这种作用称为分光。当复合光通过棱镜的两个界面时，发生两次折射，根据折射定律，波长小的偏向角大，波长大的偏向角小，故能将复合光色散成不同波长的单色光。

② 光栅　光栅有多种，光谱仪中多采用平面闪耀光栅，即在高度抛光的表面上刻画许多根平行线槽而成，当复合光照射到光栅上时，光栅的每条刻线都产生衍射作用，而每条刻线所衍射的光又会互相干涉而产生干涉条纹。光栅正是利用不同波长的入射光产生的干涉条纹的衍射角不同，波长长的衍射角大，波长短的衍射角小，从而使复合光色散成按波长顺序排列的单色光。

（3）样品池

样品池，也称吸收池、比色皿等，用于盛放试液，由玻璃或石英制成。玻璃吸收池只能用于可见光区，而石英池既可用于可见光区，亦可用于紫外光区。

（4）检测器

检测器是一种光电转换元件，其作用是将透过吸收池的光信号强度转变成电信号强度并进行测量。过去的光电比色计和低档的分光光度计中常用硒光电池。目前，紫外-可见分光光度计中多用光电管和光电倍增管。

① 光电管　光电管是一个真空或充有少量惰性气体的二极管。根据光敏材料的不同，光电管分为紫敏和红敏两种。前者是镍阴极涂有锑和铯，适用波长范围为 $200\sim625nm$；后者阴极表面涂银和氧化铯，适用波长范围为 $625\sim1000nm$。

② 光电倍增管　光电倍增管是利用二次电子发射放大光电流的一种真空光敏器件。它由一个光电发射阴极、一个阳极以及若干级倍增极所组成。

③ 光电二极管阵列检测器　二极管阵列检测器是 20 世纪 80 年代出现的一种新型紫外检测器，这是紫外-可见光度检测器的一个重要进展。这种检测器一般是一个光电二极管对应接收光谱上一个纳米（nm）谱带宽度的单色光。其工作原理为：当复合光透过吸收池后，被组分选择性吸收，透过光具有了组分的光谱特征。此透过光（复合光）被光栅分光后，形成组分的吸收光谱。吸收光谱同时照射到光电二极管阵列装置上，使每个纳米光波的光强变

成相应的电信号强度，因信号弱需经多次累加，而后给出组分的吸收光谱。这种记录方式不需扫描，因此最短能在几个毫秒的瞬间内获得吸收光谱。

(5) 显示器（信号读出装置）

早期的分光光度计多采用检流计、微安表作为显示装置，直接读出吸光度或透射比。最近的分光光度计多采用数字电压表等显示，或者用 X-Y 记录仪直接绘出吸收（或透射）曲线，并配有计算机数据处理平台。

2.3　分光光度计的类型与基本操作

2.3.1　分光光度计的类型

紫外-可见分光光度计分为单波长和双波长分光光度计两类。单波长分光光度计又分为单光束和双光束分光光度计。

(1) 单波长单光束分光光度计

光源发出的复合光经单色器分光，获得的单色光通过参比（或空白）吸收池后，照射在检测器上转换为电信号，并调节由读出装置显示的吸光度为零或透射比为 100%，然后将装有被测试液的吸收池置于光路中，最后由读出装置显示试液的吸光度值，如图 2-1 所示。这种分光光度计结构简单、价格低廉、操作方便、维修容易，适用于在给定波长处测量吸光度或透射比，一般不能做全波段光谱扫描，要求光源和检测器具有很高的稳定性。

(2) 单波长双光束分光光度计

光经单色器分光后经反射镜分解为强度相等的两束光，一束通过参比池，一束通过样品池。光度计能自动比较两束光的强度，此比值即为试样的透射比，经对数变换将它转换成吸光度并作为波长的函数记录下来（图 2-2），双光束分光光度计一般都能自动记录吸收光谱曲线，进行快速全波段扫描。由于两束光同时分别通过参比池和样品池，能自动消除光源不稳定、检测器灵敏度变化等所引起的误差，特别适用于结构分析，不过仪器较为复杂，价格也较高。

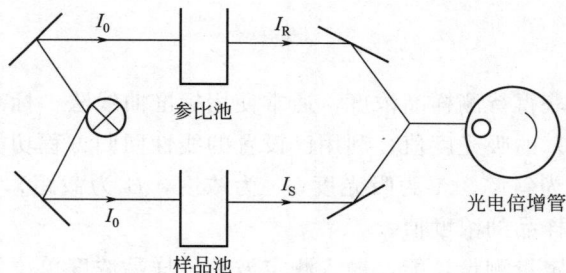

图 2-2　单波长双光束分光光度计

(3) 双波长分光光度计

由同一光源发出的光被分成两束，分别经过两个单色器，得到两束不同波长（λ_1 和 λ_2）的单色光；利用切光器使两束光以一定的频率交替照射同一吸收池，然后经过光电倍增管和电子控制系统，最后由显示器显示出两个波长处的吸光度差值 ΔA（$\Delta A = A_{\lambda_1} - A_{\lambda_2}$），$\Delta A$ 与吸光物质的浓度成正比，这是用双波长分光光度法进行定量分析的理论依据（图 2-3）。由于只用一个吸收池，而且以试液本身对某一波长的光的吸光度为参比，因此消除了因试液与参比液及两个吸收池之间的差异所引起的测量误差，从而提高了测量的准确度，对于多组分混合物、浑浊试样（如生物组织液）分析，以及存在背景干扰或共存组分吸收干扰的情况下的分析，利用双波长分光光度法，往往能提高方法的灵敏度和选择性。

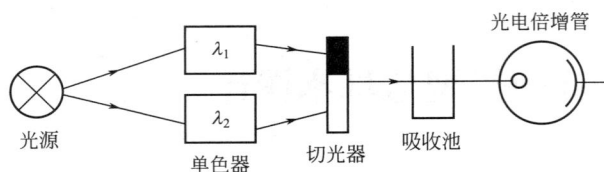

图 2-3　双波长分光光度计

2.3.2　分光光度计的基本操作

1. UV1600 型紫外-可见分光光度计基本操作

（1）开机自检

打开紫外-可见分光光度计电源开关，点击显示屏上 SPD 图标，仪器初始化自检。

（2）联机

初始化自检完成后点击联机，点击电脑桌面上的 SPD5.0 快捷方式启动软件，联机成功后进入 SPD5.0 主菜单界面。

（3）光谱扫描

点击"光谱扫描"进入光谱扫描测量功能，输入起始波长、结束波长、扫描间隔等参数，参数设置完成后点击确定。

将参比样品置于样品池内，点击基线，仪器自动建立基线。待测样品置于样品池内，点击测试，即得扫描光谱图。在光谱扫描数据子窗口点击鼠标右键，可执行坐标设置、图谱缩放和自动调整最佳显示区域、保存、峰谷检测功能。峰谷检测功能同时显示带数据标注的图谱峰谷和峰谷数据列表。

（4）定量测量

定量测量功能用于获得待测样品浓度，通常使用标准曲线法。标准曲线法是通过测得多组标准样品（已知浓度）的吸光度值，利用已设置的线性回归方程功能，自动生成工作曲线 $c = AK + B$（其中，K 为斜率，A 为吸光度，c 为浓度，B 为截距），获得待测溶液的吸光度值，即可自动计算出样品的浓度值。

点击"定量"进入定量测量功能，输入测定波长、样品浓度单位等参数，参数设置完成后点击确定。

对参比样品进行调零和调满度操作，依次输入标准样品的浓度值，并依次测试标准样品吸光度值。仪器自动生成标准曲线和标准曲线方程。点击样品区域依次测试待测样品吸光度值，会根据标准曲线方程自动计算出来待测样品的浓度。

2. 普析通用 T6 型紫外-可见分光光度计基本操作

（1）开机自检

打开仪器主机电源，仪器开始初始化；约需 3 分钟时间完成初始化；初始化完成后仪器进入主菜单界面，显示光度测量、功能扩展和系统应用界面。

（2）进入光度测量状态

按"ENTER"键进入光度测量主界面。

（3）进入测量界面

按"START/STOP"键进入样品测定界面。

（4）设置测定波长

按"GOTO λ"键，在界面中输入测量的波长，按"ENTER"键确认，仪器将自动调整波长。

（5）进入设置参数

主要用于设置样品池，按"SET"键进入参数设定界面，按"下"键使光标移动到"试样设定"。按"ENTER"键确认，进入设定界面。

（6）设定使用样品池个数

按"下"键使光标移动到"使用样池数"，按"ENTER"键选择需要使用的样品池个数，例如使用 2 个比色皿，则修改为 2。

（7）样品测量

按"ENTER"键返回到参数设定界面，再按"RETURN"键返回到光度测量界面。在 1 号样品池内放入空白溶液，2 号池内放入待测样品。关闭样品池盖后按"ZERO"键进行空白校正，再按"START/STOP"键进行样品测量。

2.4 实验内容

实验一 紫外-可见吸收光谱法测定苯甲酸的含量

【实验目的】

1. 进一步了解和熟悉紫外-可见分光光度计的原理、结构和使用方法。
2. 掌握紫外-可见分光光度法测定苯甲酸的方法和原理。
3. 熟悉标准曲线法测定样品中苯甲酸的含量。

【实验原理】

为了防止食品在储存、运输过程中发生腐败、变质，常在食品中添加少量防腐剂。防腐剂使用的品种和用量在食品卫生标准中都有严格的规定，苯甲酸及其钠盐、钾盐是食品卫生标准允许使用的主要防腐剂之一，其使用量一般在 0.1% 左右。

苯甲酸具有芳香结构，在波长 225nm 和 272nm 处有 K 吸收带和 B 吸收带。根据苯甲酸在 225nm 处有最大吸收，测得其吸光度即可用标准曲线法求出样品中苯甲酸的含量。

【仪器与试剂】

1. 仪器：紫外-可见分光光度计（UV1600 型、T6 或其他型号），1.0cm 石英比色皿，50mL 容量瓶，移液管。

2. 试剂：苯甲酸，市售雪碧饮料。

【实验步骤】

1. 苯甲酸标准溶液的配制

苯甲酸标准溶液（$50\mu g \cdot mL^{-1}$）的配制：准确称量经过干燥的苯甲酸 50mg（105℃干燥处理 2h）于 1000mL 容量瓶中，用适量的水溶解后定容。由于苯甲酸在冷水中的溶解速度较慢，可用超声、加热等方法加快苯甲酸的溶解。

用 10mL 移液管分别移取苯甲酸标准溶液 0.00mL，2.00mL，4.00mL，6.00mL，8.00mL 和 10.00mL 于 6 个 50mL 容量瓶中，用蒸馏水稀释至刻度。

2. 仪器准备

仪器开机、自检，预热 30min，进入测定界面，设定波长、扫描参数，以参比溶液进行调零（或调满度）。

3. 最大吸收波长的测定

以蒸馏水为空白，用 1cm 石英比色皿，在 200～400nm 波长范围内，以 1nm 为间隔扫描得到苯甲酸吸光度与波长关系图，找出最大吸收峰波长。

4. 苯甲酸标准曲线的绘制

以试剂空白为参比，在最大吸收峰波长处测定各标准溶液的吸光度值，绘制标准曲线。

5. 样品溶液的测定

准确移取市售饮料 1.00mL 于 50mL 容量瓶中，用超声波脱气 5min 驱赶二氧化碳后用水稀释至刻度。以试剂空白为参比，在最大吸收波长处测定样品溶液的吸光度值。

【数据处理】

1. 吸收曲线的绘制：以苯甲酸标准溶液的吸光度 A 为纵坐标，波长 λ 为横坐标，绘制吸收曲线。

2. 标准曲线的绘制：以苯甲酸标准溶液的吸光度 A 为纵坐标，相应的浓度 c 为横坐标，绘制标准曲线。

3. 样品溶液中苯甲酸含量的计算：从标准曲线上查出样品溶液的吸光度值 A 所对应的 c_x 值，按下式计算饮料中苯甲酸的含量：

$$样品中苯甲酸的含量(\mu g \cdot mL^{-1}) = c_x \times \frac{50mL}{1.00mL} \tag{2-1}$$

【注意事项】

1. 试样和工作曲线测定的实验条件应完全一致。

2. 不同品牌的饮料中苯甲酸含量不同，移取的样品量可酌量增减。

【思考题】

1. 紫外-可见分光光度计由哪些部件构成？各有什么作用？

2. 本实验为什么要用石英比色皿？为什么不能用玻璃比色皿？

3. 苯甲酸的紫外光谱图中有哪些吸收峰？各自对应哪些吸收带？由哪些跃迁引起？

实验二 双波长法同时测定维生素C和维生素E的含量

【实验目的】

1. 进一步熟悉和掌握紫外-可见吸收光谱仪的使用方法。
2. 掌握同时测定双组分体系含量的原理和方法。

【实验原理】

吸光度具有加和性，根据两组分吸收曲线的性质，选择两个合适的测定波长，通过解联立方程可以同时测出样品中双组分的含量。维生素C（抗坏血酸）是一种水溶性的抗氧化剂，而维生素E（α-生育酚）是一种脂溶性的抗氧化剂。由于它们在抗氧化性能方面具有协同作用，常被作为一种有用的组合试剂用于各种食品中，维生素C和维生素E都能溶于无水乙醇中，因此，能用同一溶液中测定双组分的原理来测定它们的含量。

【仪器与试剂】

1. 仪器：紫外-可见分光光度计（UV1600型、T6或其他型号），1.0cm石英比色皿，容量瓶（1000mL、50mL）。
2. 试剂：维生素C，维生素E，无水乙醇。

【实验步骤】

1. 维生素C系列标准溶液的配制

维生素C标准储备溶液（$30.00\mu g \cdot mL^{-1}$）的配制：准确称取30.00mg维生素C于1000mL容量瓶中，用少量水溶解后，用无水乙醇定容。

分别取维生素C标准储备溶液2.00mL，4.00mL，6.00mL，8.00mL、10.00mL于5支50mL容量瓶中，用无水乙醇稀释至刻度，摇匀。

2. 维生素C吸收曲线的绘制

以无水乙醇为参比，在200～320nm范围内测绘出维生素C的吸收曲线，确定其最大吸收波长λ_{max}，作为λ_1。

3. 维生素E系列标准溶液的配制

维生素E标准储备溶液（$30.00\mu g \cdot mL^{-1}$）的配制：准确称取30.00mg维生素E于1000mL容量瓶中，用无水乙醇溶解并定容。

分别取维生素E标准储备溶液2.00mL，4.00mL，6.00mL，8.00mL、10.00mL于5支50mL容量瓶中，用无水乙醇稀释至刻度，摇匀。

4. 维生素E吸收曲线的绘制

以无水乙醇为参比，在200～320nm范围内测绘出维生素E的吸收曲线，确定其最大吸收波长λ_{max}，作为λ_2。

5. 维生素C标准曲线的绘制

以无水乙醇为参比，在波长λ_1和λ_2处分别测定5个维生素C标准溶液的吸光度值。

6. 维生素E标准曲线的绘制

以无水乙醇为参比，在波长λ_1和λ_2处分别测定5个维生素E标准溶液的吸光度值。

7. 未知液的测定

取未知液 5.00mL 于 50mL 容量瓶中，用无水乙醇稀释至刻度，摇匀，在波长 λ_1 和 λ_2 处分别测定其吸光度值。

【数据处理】

1. 绘制维生素 C 和维生素 E 的吸收曲线，确定最大吸收波长 λ_1 和 λ_2。
2. 绘制维生素 C 和维生素 E 在波长 λ_1 和 λ_2 的标准曲线。
3. 联立方程组，计算未知液中维生素 C 和维生素 E 的浓度。

【思考题】

1. 简述双波长法的测定原理。
2. 如何选择双波长法的测定波长？
3. 使用本方法测定维生素 C 和维生素 E 是否灵敏？解释其原因。

实验三　紫外-可见吸收光谱法鉴定苯酚及其含量的测定

【实验目的】

1. 掌握紫外-可见吸收光谱法进行物质定性分析的基本原理。
2. 掌握紫外-可见吸收光谱法进行定量分析的基本原理。
3. 进一步学习双光束紫外-可见分光光度计的使用方法。

【实验原理】

苯酚是一种剧毒物质，可以致癌，已经被列入有机污染物的黑名单。但一些药品、食品添加剂、消毒液等产品中仍含有一定量的苯酚。如果其含量超标，就会产生很大的毒害作用。苯酚在紫外光区的最大吸收波长 λ_{max} 在 270nm 处，对苯酚溶液进行扫描时，在 270nm 处有较强的吸收峰。

定性分析的依据：含有苯环和共轭双键的有机化合物在紫外区有特征吸收。物质结构不同，对紫外光的吸收曲线不同。最大吸收波长 λ_{max}、最大摩尔吸收系数 ε_{max} 及吸收曲线的形状不同是进行物质定性分析的依据。

定量分析的依据：物质对紫外吸收的吸光度与物质含量之间符合朗伯-比耳定律，即 $A = \varepsilon b c$。

本实验依据苯酚的紫外吸收曲线特征对苯酚进行鉴定，并在 270nm 处测定不同浓度苯酚的标准样品的吸光度值，并自动绘制标准曲线，据此在相同的条件下测定未知样品的吸光度值，求出未知样品中苯酚的含量。

【仪器与试剂】

1. 仪器：紫外-可见分光光度计（UV1600 型或其他型号），1cm 石英比色皿，25mL 容量瓶，50mL 容量瓶。
2. 试剂：苯酚，待测液。

【实验步骤】

1. 定性分析

（1）苯酚标准溶液（$100 \text{mg} \cdot \text{L}^{-1}$）的配制

取苯酚 2.5mg，放入 25mL 容量瓶中，用蒸馏水稀释至刻度得到 $100 \text{mg} \cdot \text{L}^{-1}$ 苯酚标

准溶液。

（2）鉴定

在紫外-可见分光光度计上，用蒸馏水作参比溶液，在 $200\sim500nm$ 波长范围内扫描，绘制苯酚标准溶液和待测液的吸收曲线。在待测液的吸收曲线上找出 λ_{max} 并求出与其所对应的吸光度的比值及 ε_{max}，与苯酚标准溶液的吸收曲线及光谱数据表对比，鉴定苯酚。

2. 定量分析

（1）标准曲线的制作

取 5 支 50mL 的容量瓶，分别加入 1.00mL、2.00mL、3.00mL、4.00mL、5.00mL 苯酚（$100mg \cdot L^{-1}$），用去离子水稀释到刻度，摇匀。用 1cm 石英比色皿，以去离子水作参比，在选定的最大波长下，分别测定各溶液的吸光度，以吸光度对浓度作图，作出标准曲线。

（2）定量测定溶液中苯酚的含量

准确移取未知液 10.00mL 于 50mL 容量瓶中，用去离子水稀释到刻度，摇匀。在同样条件下测定其吸光度，根据工作曲线计算出未知液中苯酚的含量。

【数据处理】

（1）定性鉴定结果（表 2-1）

表 2-1　苯酚的定性分析

λ_{max}（苯酚标液）/nm	λ_{max}（待测液）/nm	ε_{max}（苯酚标液）	ε_{max}（待测液）	ε_{max}（苯酚标液）/ε_{max}（待测液）	鉴定结果

定性结果分析：从吸收曲线上可以看出，该物质在 _____ 有强吸收，表示含有 _____。

（2）定量测定结果（表 2-2）

表 2-2　苯酚的定量分析

苯酚的量/$mg \cdot L^{-1}$	标准液 1	标准液 2	标准液 3	标准液 4	标准液 5	待测液

据此可知，未知液中苯酚的含量为：_____。

【思考题】

1. 紫外-可见分光光度法进行物质定性、定量分析的依据是什么？

2. 说明紫外-可见吸收光谱法的特点及应用范围。

实验四　高锰酸钾和重铬酸钾混合物各组分含量的测定

【实验目的】

1. 学习和掌握紫外-可见分光光度计的使用方法。

2. 熟悉测绘吸收曲线的一般方法。

3. 学会用解联立方程组的方法，定量测定吸收曲线相互重叠的二元混合物。

【实验原理】

有色溶液对可见光的吸收具有选择性。利用分光光度计能连续变换波长的性能，可以测绘出有色溶液在可见光区的吸收曲线，从吸收曲线上可找出最大吸收波长（λ_{max}），作为测量时选择波长的依据。

本实验采用溶剂空白为参比，以紫外-可见分光光度计直接进行波长扫描，得出高锰酸钾和重铬酸钾溶液的吸收曲线，测量溶液的吸光度。

一般为了提高检测的灵敏度，λ_1 和 λ_2 应分别选择在 A、B 两组分最大吸收峰处或其附近，根据朗伯-比耳定律和高锰酸钾及重铬酸钾溶液吸收曲线的形状，可选择 λ_1 为 440nm、λ_2 为 545nm 作为测量波长，分别测出单一组分溶液的吸光度，算出两者在两波长的摩尔吸光系数 ε 值，然后再测量混合物在此两波长下的吸光度。根据吸光度具有加和性，可建立联立方程组：

在波长 λ_1 时：

$$A_{\lambda_1}^{A+B} = \varepsilon_{\lambda_1}^A bc^A + \varepsilon_{\lambda_1}^B bc^B \tag{2-2}$$

在波长 λ_2 时：

$$A_{\lambda_2}^{A+B} = \varepsilon_{\lambda_2}^A bc^A + \varepsilon_{\lambda_2}^B bc^B \tag{2-3}$$

式中，$A_{\lambda_1}^{A+B}$，$A_{\lambda_2}^{A+B}$ 分别是波长为 λ_1、λ_2 时，组分 A 和 B 混合溶液的吸光度；$\varepsilon_{\lambda_1}^A$、$\varepsilon_{\lambda_1}^B$ 分别是波长为 λ_1 时，组分 A 和 B 溶液的摩尔吸光系数；$\varepsilon_{\lambda_2}^A$、$\varepsilon_{\lambda_2}^B$ 分别是波长为 λ_2 时，组分 A 和 B 液的摩尔吸光系数；c^A、c^B 分别是 A、B 两组分的浓度；b 为液层厚度。解联立方程组即可求出 A、B 两组分各自的浓度 c^A 和 c^B。

【仪器与试剂】

1. 仪器：紫外-可见分光光度计或可见分光光度计，吸收池（又称比色皿），滤纸片，擦镜纸。

2. 试剂：$KMnO_4$ 溶液（2.00×10^{-4} mol·L^{-1}，其中含 0.25mol·L^{-1} H_2SO_4），$K_2Cr_2O_7$ 溶液（1.20×10^{-3} mol·L^{-1}，其中含 0.25mol·L^{-1} H_2SO_4），$KMnO_4$ 和 $K_2Cr_2O_7$ 混合溶液，H_2SO_4 溶液（0.25mol·L^{-1}）。

【实验步骤】

1. 开启紫外-可见分光光度计，预热 20min。

2. 设定仪器扫描参数。

3. $KMnO_4$ 溶液吸收曲线的绘制

以 0.25mol·L^{-1} H_2SO_4 为参比，在波长 400～600nm 范围内进行波长扫描，即得到吸收光谱图，找出其最大吸收波长 λ_{max}，以及相对应的吸光度 A（注意手拿比色皿时，只能接触毛玻璃一面）。

4. $K_2Cr_2O_7$ 溶液吸收曲线的绘制

按上述同样的操作在同一谱图上扫描得到 $K_2Cr_2O_7$ 的吸收光谱图，记录最大吸收波长 λ_{max} 和吸光度 A。

5. 取 2.00×10^{-4} mol·L^{-1} $KMnO_4$ 溶液在 440nm 及 545nm 下测量吸光度 A_{440} 与 A_{545}。根据朗伯-比耳定律 $A = \varepsilon bc$ 分别计算出 $KMnO_4$ 在此两个波长下的摩尔吸光系数 ε_{440}（$KMnO_4$）与 ε_{545}（$KMnO_4$）。

6. 同样方法可测出 $K_2Cr_2O_7$ 溶液在 440nm 及 545nm 下测量吸光度 A_{440} 与 A_{545}，分别计算出 $K_2Cr_2O_7$ 溶液的摩尔吸光系数 $\varepsilon_{440}(K_2Cr_2O_7)$ 与 $\varepsilon_{545}(K_2Cr_2O_7)$。

7. 同样条件下测量出 $KMnO_4$ 和 $K_2Cr_2O_7$ 混合溶液在此两个波长下的吸光度 A_{440}^{mix} 与 A_{545}^{mix}。

【数据处理】

将以上数据代入联立方程组中，即可求解出混合溶液中 $KMnO_4$ 和 $K_2Cr_2O_7$ 的浓度。

【思考题】

1. 对于两组分混合物的分析测定，在选择测量波长时应注意什么？

2. 何为参比溶液？它有什么作用？本实验能否用蒸馏水作参比溶液？

第3章

红外吸收光谱法

3.1 基本原理

红外吸收光谱法（简称红外光谱法）（infrared absorption spectroscopy，IR）又称为分子振动-转动光谱，是有机物结构分析的重要工具之一。当样品受到频率连续变化的红外光照射时，分子吸收某些频率的辐射，并由其振动或转动引起偶极矩的净变化，产生分子振动或转动能级从基态到激发态的跃迁，使相应于这些吸收区域的透射光强度减弱。

由于红外光谱分析特征性强，除了单原子和同核分子如 Ne、He、O_2 和 H_2 等之外，几乎所有的有机化合物在红外光区均有吸收，且对气体、液体、固体试样都可测定，并具有用量少、分析速度快、不破坏试样的特点。因此，红外吸收光谱法不仅与其他许多分析方法一样，能进行定性和定量分析，而且该法是鉴定化合物和测定分子结构的最有用方法之一。红外光谱法广泛应用于化学、应用化学环境科学、材料科学、石油工业、催化、生物医学、药学、生物化学等研究领域。另外，红外光谱可以研究分子的结构和化学键，如力常数的测定和分子对称性等，利用红外光谱法可测定分子的键长和键角，并由此推测分子的立体构型。

红外吸收光谱图的纵坐标为吸收强度，以百分透射比 $T\%$ 或 A 表示，横坐标是波长 λ（μm）或波数 σ（cm^{-1}），图 3-1 是丁酮的红外光谱图。

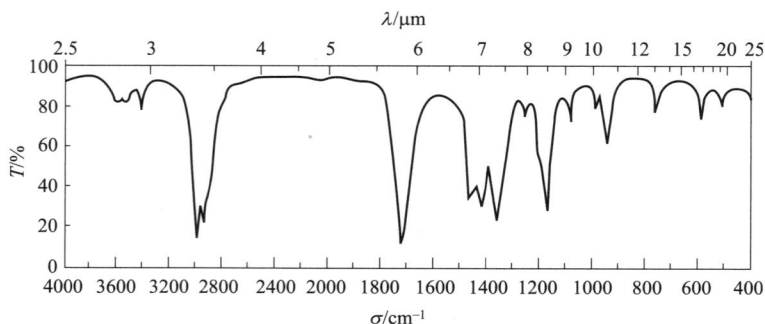

图 3-1　丁酮的红外光谱图

一般将红外光区划分为三个区域：近红外区（13000～4000cm^{-1}）、中红外区（4000～200cm^{-1}）和远红外区（200～10cm^{-1}）。用于分析结构研究的红外光谱主要位于中红外区。

通常，红外吸收带的波长位置与吸收谱带的强度，反映了分子结构的特点。由于基团的振动频率和吸收强度与组成基团的原子质量、化学键类型及分子几何构型等有关，因此，根据红外吸收光谱的峰位、峰强、峰形和峰的个数，可以判断物质中可能存在的某些官能团，进而推断未知物的结构。如果分子比较复杂，还需结合紫外光谱、质谱以及核磁共振谱等手段综合判断。最后，可通过与未知样品在相同测定条件下得到的标准样品的谱图或已发表的标准谱图（如 Sadtler 红外光谱图等）进行比较分析，得出未知样品的鉴定结果。而吸收谱带的吸收强度与分子组成或其化学基团的含量有关，可用于定量分析和纯度鉴定。

3.2 仪器基本结构

红外吸收光谱的仪器主要有两种类型：①光栅色散型分光光度计，主要用于定性分析；②傅里叶变换红外光谱仪，适宜进行定性和定量分析测定。

3.2.1 色散型红外分光光度计

色散型红外分光光度计（又称色散型红外吸收光谱仪）是由光源、单色器、试样室、检测器和记录仪等组成。对色散型双光路光学零位平衡红外分光光度计而言，当样品吸收了一定频率的红外辐射后，分子的振动能级发生跃迁，透过的光束中相应频率的光被减弱，造成参比光路与样品光路相应辐射的强度差，从而得到所测样品的红外光谱。

色散型红外吸收光谱仪如图 3-2 所示，自光源发出的红外辐射，对称地分为两束，一束通过样品池，另一束通过参比池。两光束再经半圆扇形镜调制后进入单色器，交替进入检测器。在光学零位系统里，只要两束光的强度不等，就会在检测器上产生与光强差呈正比的交流信号电压。由于红外光源的低强度以及红外检测器的低灵敏度，信号需要通过放大输出。

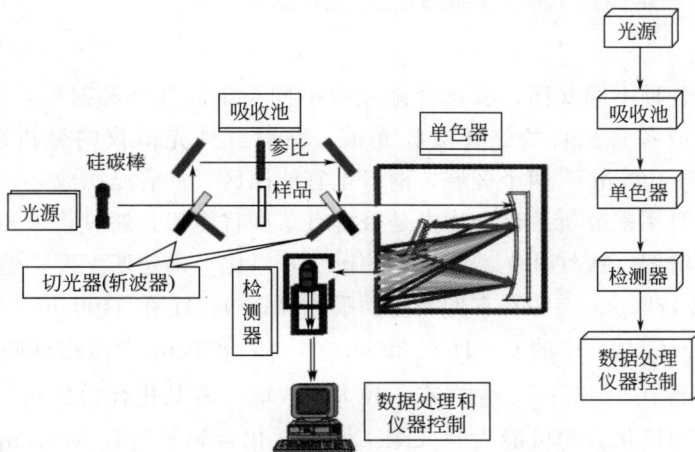

图 3-2　色散型红外吸收光谱仪的基本结构

3.2.2 傅里叶变换红外光谱仪

傅里叶变换红外光谱仪（fourier transform infrared spectrometer，FTIR）是 20 世纪 70 年代问世的，被称为第三代红外光谱仪。傅里叶变换红外光谱仪主要由红外光源、迈克尔逊

（Michelson）干涉仪、检测器、计算机等系统组成。光源发出的红外光经干涉仪处理后照射到样品上，透射过样品的光信号被检测器检测到后以干涉信号的形式传送到计算机，由计算机进行傅里叶变换的数学处理后得到样品红外光谱图。图 3-3 是傅里叶变换红外光谱仪的基本结构，它与色散型红外分光光度计的主要区别在于干涉仪和电子计算机两部分。其干涉仪采用 Michelson 干涉仪，是 FTIR 的核心部分，按其动镜移动速度不同，可分为快扫描型和慢扫描型，一般

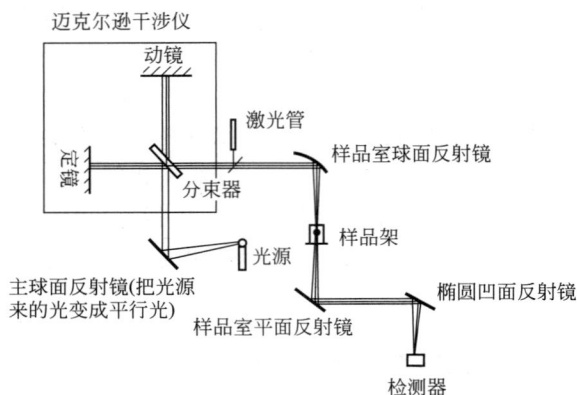

图 3-3　傅里叶变换红外光谱仪基本结构

的傅里叶变换红外光谱仪均采用快扫描型的迈克尔逊干涉仪，慢扫描型迈克尔逊干涉仪主要用于高分辨光谱的测定。

3.3　实验内容

实验五　苯甲酸的红外光谱测定

【实验目的】

1. 掌握红外光谱仪的使用方法。
2. 掌握压片法测定固体苯甲酸样品的红外光谱法。

【实验原理】

物质分子中的各种不同基团，有选择地吸收不同频率的红外辐射后，发生振动-转动能级之间的跃迁，形成各自独特的红外吸收光谱。一般红外光谱仪的分析范围分为 $4000 \sim 1300 cm^{-1}$ 和 $1300 \sim 400 cm^{-1}$ 两个区域，前者是官能团区，后者是指纹区。

红外光谱仪主要用来分析某化合物中是否含有某些官能团，通过将未知光谱谱图与谱库中的标准化合物的谱图（或红外光谱图册中的谱图）对比，确定匹配度，鉴定化合物。

例如 C＝O 在 $1720 cm^{-1}$ 左右有伸缩振动吸收峰；O—H 在 $3400 cm^{-1}$ 左右有伸缩振动吸收峰，CH_3—，—CH_2—中的 C—H 在 $2950 cm^{-1}$ 和 $2890 cm^{-1}$ 左右有两个吸收峰；醚键（或醇中的）C—O 键在 $1010 cm^{-1}$ 左右有一较大吸收峰。若某化合物只在 $1720 cm^{-1}$ 左右处有一较大吸收峰，则该化合物可能为醛或酮。假如某化合物只有在 $3400 cm^{-1}$ 和 $1010 cm^{-1}$ 左右处有两个较大吸收峰，该化合物可能为醇。若某化合物在 $1700 cm^{-1}$ 和 $3400 cm^{-1}$ 有吸收峰，则该化合物可能为羧酸。

【仪器与试剂】

1. 仪器：北分瑞利 WQF-530 傅里叶变换红外光谱仪（或 Bruker ALPHA 型），压片机，玛瑙研钵，红外灯。

2. 试剂：苯甲酸，KBr，无水丙酮，无水乙醇（均为分析纯）。

【实验步骤】

1. KBr 压片法

取 1~2mg 苯甲酸，研磨均匀，再加入干燥的 200~300mg KBr，研磨均匀，进行压片，制成厚约 1mm 的透明薄片。

2. 仪器开机

将仪器电源打开，等待约 30s 后打开红外工作站。观察工作站左下角显示绿色的网络连通后，预热 30min。

3. 测样

先点击"工作站谱图采集"中背景选项，采集背景（设置好采集次数及保存路径）。背景采集完毕后，将待测样品放置于红外光谱仪内部架子中，盖好仪器盖子。选择需要检测的方式进行分析。

4. 数据处理

点击仪器上方处理选项，选择需要的处理方式对峰进行处理。

5. 谱库检索功能

选择谱库，选择需要检索的谱图，点击载入，选择设置，选择需要的检索方法和需要的谱库（可以全选），选择完成后点击检索，即在仪器下方出现检索结果。

6. 其他

测出的谱图可通过文件中"另存为"选项选择需要的保存方式，如需要采集数据，可选择保存 TXT 格式。

【数据处理】

该样品谱图在 $2000 \sim 500 cm^{-1}$ 之间的吸收峰颇多，可以先判断为芳香族化合物，同时在 $3400 \sim 2400 cm^{-1}$ 处有连续峰形，可能是酸的 O—H 伸缩振动。该化合物可能是含苯环的酸性物质，进一步推测为苯甲酸。数据填入表 3-1。

表 3-1　苯甲酸的红外光谱

谱带位置/cm^{-1}	吸收基团的振动形式

【注意事项】

1. KBr 应干燥无水，固体试样研磨和放置均应在红外灯下，防止吸水变潮；KBr 和样品的质量比约在 $100:1 \sim 200:1$ 之间，物料必须磨细并混合均匀，加入模具中均匀平整，否则不易获得透明均匀的薄片。若晶片局部发白，表示压制的晶片薄厚不匀；晶片模糊，表示晶体吸潮，水在光谱图 $3440 cm^{-1}$ 和 $1630 cm^{-1}$ 处出现吸收峰。

2. 试样纯度应在 98% 以上，不纯会给图谱解析带来困难，甚至有时会造成误判。事先应尽量采用各种分离手段来纯化样品，样品应干燥。

【思考题】

1. 官能团红外吸收计算值和实验值产生差异的原因是什么？

2. 红外光谱中，影响羰基位移的因素主要有哪些？各因素对羰基的吸收位移产生怎样的影响？

实验六　有机化合物的红外光谱分析

【实验目的】

1. 了解红外光谱的产生及红外光谱与有机物结构的关系。
2. 掌握两种基本样品制备技术及傅里叶变换红外光谱仪的简单操作。
3. 学习并掌握 IR 图谱中官能团的识别。

【实验原理】

醛和酮在 $1870\sim1540cm^{-1}$ 范围内出现强吸收峰，这是 C═O 的伸缩振动吸收带，其位置相对较固定且强度大，很容易识别。而 C═O 的伸缩振动受到样品的状态、相邻取代基团、共轭效应、氢键、环的张力等因素影响，其吸收带实际位置有所差别。

饱和脂肪酮在 $1715cm^{-1}$ 左右有吸收，双键与羰基的共轭效应会降低 C═O 的吸收频率，酮与溶剂之间的氢键也将降低羰基的吸收频率。

脂肪醛比相应酮的羰基在稍高的频率处，强吸收峰在 $1740\sim1720cm^{-1}$ 范围。电负性取代基会增加谱带吸收频率。例如，乙醛在 $1730cm^{-1}$ 处有吸收，而三氯乙醛在 $1768cm^{-1}$ 处有吸收。同样，双键的共轭会造成吸收向低频移动。芳香醛在低频处吸收，分子内氢键也使吸收向低频方向移动。

【仪器与试剂】

1. 仪器：Bruker ALPHA 傅里叶变换红外光谱仪（或北分瑞利 WQF-530 型），压片机（包括压模），玛瑙研钵，红外灯，干燥器。
2. 试剂：苯甲醛，肉桂醛，正丁醛，香草醛，环己酮，苯乙酮，KBr，无水丙酮，无水乙醇等（均为分析纯）。

【实验步骤】

1. 溴化钾压片法

取 $1\sim2mg$ 样品，再加入干燥的 $200\sim300mg$ KBr，研磨均匀，取出 100mg 放在压膜器内，压膜压力加到 2T，停止，等待 $1\sim2min$ 后，小心取出，置于测量架上。

2. 液膜法

用滴管取少量液体样品，滴到液体池的一块盐片上，盖上另一块盐片（稍转动驱走气泡）使样品在两盐片间形成一层透明薄液膜。固定液体池后将其置于红外光谱仪的样品室中，测定样品红外光谱图。测试后，用丙酮彻底清洗盐片后储存于干燥器中。

3. 开机操作

打开稳压电源，打开仪器电源，预热 30min。设定参数进行样品和空白测试。

4. 启动工作站

点击桌面 OPUS 图标，登录后仪器会初始化，并提示进行 PQ 测试，测试完成后关闭该窗口。

5. 样品测定

设定仪器参数，放入空白 KBr 压片，点击"测量背景单通道光谱"进行背景测试。放入样品压片，点击"测定样品单通道光谱"，仪器开始测试样品光谱图。

6. 谱图标记并检索

样品测定完成后，点击"标峰位"键进行样品吸光度光谱图标峰，选择工具栏里面的"谱图检索"进行样品光谱图检索。

7. 检索完毕、输出打印报告

取下样品架，取出薄片，按要求将模具、样品架等清理干净，妥善保管。

【数据处理】

根据红外谱图上的强峰位置，进行谱图解析。

【注意事项】

1. 可拆式液体池的盐片应保持干燥透明，切不可用手触摸盐片表面；每次测定前后均应在红外灯下反复用无水乙醇及滑石粉抛光，用镜头纸擦拭干净，在红外灯下烘干后，置于干燥器中备用。注意盐片不能用水冲洗。

2. 含水试样或水溶液样品，绝对不能使用 KBr（或 NaCl）盐片，以免损坏盐片。

3. 试样的制备可根据样品的状态而定。

① 对于固体粉末样品，通常采用压片法，个别采用糊法。

② 对于液体样品，不易挥发、黏度大的，可用液膜法直接涂在空白盐片上绘制图谱；易挥发的可采用夹片法，把适量的液体样品均匀地涂在两个 KBr 盐片之间，使成 $1\times10^{-4}\sim50\times10^{-4}$ cm 厚的液层，再将两个 KBr 片放于支架中绘制图谱。

【思考题】

1. 傅里叶变换红外光谱仪与色散型红外分光光度计相比，在性能上有何特点？

2. 用 FT-IR 仪测试样品为什么要先测试背景？

3. 用压片法制样时，为什么要求将固体试样研磨到颗粒粒度在 $2\mu m$ 左右？为什么要求 KBr 粉末干燥、避免吸水受潮？研磨时不在红外灯下操作，谱图上会出现什么情况？

4. 如何用红外光谱鉴定饱和烃、不饱和烃和芳香烃？

5. 醇类、羧酸和脂类化合物的红外光谱有何区别？

实验七　红外光谱法分析奶粉的品质

【实验目的】

1. 了解用红外光谱鉴别生活用品的方法。

2. 掌握红外光谱仪的操作。

【实验原理】

ATR（attenuated total reflectance）称为衰减全反射光谱，利用红外光在样品表面的发射而收集信号，与样品的形态以及厚度无关。

依据奶粉中脂肪、蛋白质和糖类化合物的特征吸收峰处吸收强度的大小，判断奶粉中主要营养成分相对含量。

【仪器与试剂】

1. 仪器：傅里叶变换红外光谱仪（带 ATR 附件）。
2. 试剂：KBr（分析纯），亚铁氰化钾（分析纯），市售奶粉。

【实验步骤】

1. 光谱测定

准确称取已经干燥处理的亚铁氰化钾 0.01g（5 份），作为内标，分别加入 5 个等量（0.15g）的待测样品中。加入内标的待测样品混合均匀后，取出适量直接测 ATR-FTIR 吸收光谱。ATR-FTIR 扫描条件：扫描范围 $4000\sim650cm^{-1}$，分辨率 $4cm^{-1}$，设定扫描次数。

2. 特征峰归属

对照谱图分别对内标的特征峰、脂肪的特征峰、蛋白质的特征峰及糖类化合物的特征峰进行归属指认。

3. 样品峰的确定与积分面积比值计算。

选择脂肪、蛋白质、糖类化合物以及内标等的无干扰特征峰作为分析峰，进行积分，记录峰值和积分面积，计算。

4. 结果分析

将分析测定结果与样品实际所标示的各成分相对含量进行比较分析。

【思考题】

1. ATR 测定样品时的要点是什么？该法的优点体现在何处？
2. 什么是内标法？内标法的作用是什么？

第4章
荧光分光光度法

4.1 基本原理

分子发光分析主要包括分子荧光分析、分子磷光分析和化学发光分析。基态分子被激发到激发态，所需激发能可由光能、化学能或电能等供给。若分子吸收了光能而被激发到较高的能态，在返回基态时，发射出与吸收光波长相等或不等的辐射，这种现象称为光致发光。荧光分析和磷光分析就是基于这类光致发光现象建立起来的分析方法。物质的基态分子受某激发光源照射，跃迁至激发态后，在返回基态时，产生波长与入射光相同或较长的荧光，通过测定物质分子产生的荧光强度进行分析的方法称为分子荧光分析。

4.1.1 分子荧光光谱的产生

大多数分子含有偶数个电子，在基态时，这些自旋成对的电子在各个原子或分子轨道上运动，方向相反。电子的自旋状态可以用自旋量子数（S）表示，$S=\pm 1/2$。所以配对电子自旋总和是零。如果一个分子所有的电子自旋都是成对的，那么这个分子光谱项的多重性 $M=2S+1=1$，此时，所处的电子能态称为单重态，以 S_0 表示。当配对电子中一个电子被激发到某一较高能级时，将可能形成两种激发态，一种是受激电子的自旋仍与处于基态的电子配对（自旋相反），则该分子处于激发单重态，以 S 表示；另一种是受激电子的自旋与处于基态的电子不再配对，而是相互平行，$S=1$，$2S+1=3$，则分子是处于激发三重态，以 T 表示。

分子中处于激发态的电子以辐射跃迁方式或无辐射跃迁方式最终回到基态，这一过程中，各种不同的能量传递过程统称为去活化过程。辐射跃迁主要是荧光和磷光的发射；无辐射跃迁是指分子以热的形式失去多余能量，包括振动弛豫、内转换、系间跨越、猝灭等。各种跃迁方式发生的可能性及程度与荧光物质分子结构和环境等因素有关。

当处于基发单重态（S_0）的分子吸收波长为 λ_1 和 λ_2 的辐射后，分别被激发至第一激发单重态（S_1）和第二激发单重态（S_2）的任一振动能级上，而后发生失活过程，见图 4-1。

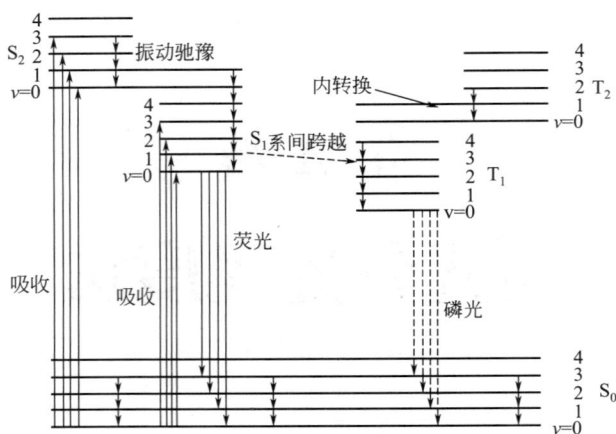

图 4-1　分子荧光与磷光的发生过程

4.1.2　激发光谱和荧光光谱

荧光的产生涉及光子的吸收和再发射两个过程。

（1）激发光谱

如果将激发光的光源用单色器分光，测定不同波长的激发光照射下，荧光最强的波长处荧光强度的变化，以荧光强度（I_F）对激发波长（λ）作图，即可得荧光物质的激发光谱。

（2）发射光谱简称荧（磷）光光谱

如果将激发光波长固定在最大激发波长处，而让物质发射的荧光通过单色器分光，可测定不同波长的荧光强度。以荧光强度（I_F）对荧光波长（λ）作图，即得荧光光谱。荧光物质的最大激发波长（λ_{ex}）和最大荧光波长（λ_{em}）是鉴定物质的根据，也是定量测定时最灵敏的条件。

4.1.3　影响荧光强度的环境因素

荧光分子所处的外部化学环境，如温度、溶剂、溶液 pH 值等都会影响荧光效率，因此选择合适的条件不仅可以使荧光加强，提高测定的灵敏度，还可以控制干扰物质的荧光产生，提高分析的选择性。

（1）温度的影响

大多数荧光物质溶液的荧光效率和荧光强度会随着温度降低而增加；相反，温度升高，荧光效率将下降。

（2）溶剂的影响

溶剂对荧光强度和形状的影响主要表现在溶剂的极性、氢键及配位键的形成等。溶剂极性增大时，通常使荧光波长红移。氢键及配位键的形成使荧光强度和形状发生较大的变化。含有重原子的溶剂，如 CBr_4 等也可使荧光强度减弱。

（3）溶液 pH 值的影响

当荧光物质本身是弱酸或弱碱时，其荧光强度受溶液 pH 值的影响较大。例如苯胺在

pH＝7～12 的溶液中会产生蓝色荧光，在 pH＜2 或 pH＞13 的溶液中都不产生荧光。有些荧光物质在离子状态无荧光，而有些则相反；也有些荧光物质在分子和离子状态时都有荧光，但荧光光谱不同。

（4）溶液荧光的猝灭

荧光物质分子与溶剂分子或其他溶质分子相互作用，引起荧光强度降低、消失或荧光强度与浓度不呈线性关系的现象，称为荧光猝灭。当荧光物质浓度过大时，会产生自猝灭现象。

4.1.4 荧光强度与溶液浓度的关系

当一束强度为 I_0 的紫外光照射一盛有浓度为 c，厚度为 b 的液池时，可在液池的各个方向观察到荧光，其强度为 I_F，透射光强度为 I_t，吸收光强度为 I_a。由于激发光的一部分能透过样品池，因此，一般在激发光源垂直的方向测量荧光强度（I_F）。溶液的荧光强度和该溶液的吸光强度以及荧光物质的荧光效率有关。

$$I_F＝Kc \tag{4-1}$$

上式为荧光分析的定量基础。但这种关系只有在极稀的溶液中，当 $\varepsilon bc \leqslant 0.05$ 时才成立，对于 $\varepsilon bc＞0.05$，即较浓的溶液，由于荧光猝灭现象和自吸收等原因，荧光强度与浓度不呈线性关系，荧光强度与浓度的关系向浓度轴偏离。

4.2 荧光分析仪器

荧光分光光度计（简称荧光光度计）与其他光谱分析仪器一样，主要由光源（激发光源）、样品池、单色器系统及检测器四部分组成。不同的是荧光分析仪器需要两个独立的波长选择系统，一个为激发单色器，可对光源进行分光，选择激发波长；另一个用来选择发射波长，或扫描测定各发射波长下的荧光强度，可获得试样的发射光谱。检测器与激发光源呈直角，荧光分析仪器的示意图如图 4-2 所示。

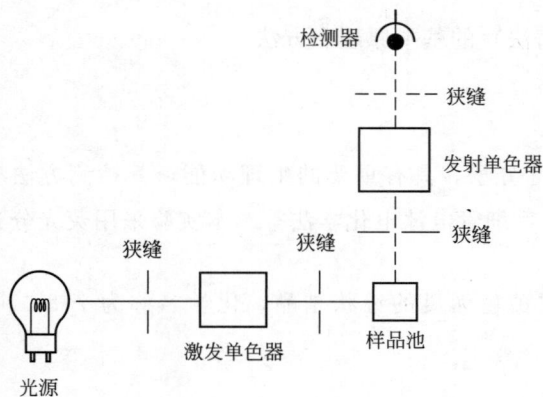

图 4-2 荧光分析仪器结构示意图

4.2.1 激发光源

激发光源应具有强度大、稳定性好、适用波长范围宽等特点，因为光源的强度和稳定性直接影响测定的灵敏度以及重复性和精确度。常用的光源有高压汞灯、氙灯和卤钨灯。高压汞灯常用在荧光计中，发射光强度大而稳定，荧光分析中常用 365nm、405nm 及 436nm 三条谱线，但不是连续光谱。高压氙灯发射光强度大，能在波长范围为 200～700nm 的紫外、可见光区给出比较好的连续光谱，且在 200～400nm 波段内辐射线强度几乎相等。高功率连续可调染料激光光源是一种单色性好、强度大的新型光源。因为脉冲激光的光照时间短，可避免被照物质分解，但设备复杂，应用不广。

4.2.2　单色器

荧光分光光度计具有两个单色器：激发单色器和发射单色器。荧光分光光度计用滤光片作单色器，分激发滤光片和荧光滤光片。它们的功能比较简单，价格便宜，适用于固定试样的常规分析。大部分荧光分光光度计采用光栅作为单色器。

4.2.3　样品池

荧光分析用的样品池需用低荧光材料，常用石英池。有的荧光分光光度计附有恒温装置。测定低温荧光时，在石英池外套上一个盛有液氮的石英真空瓶，以便降低温度。

4.2.4　检测器

荧光的强度比较弱，因此要求检测器有较高的灵敏度。在荧光分光光度计中常用光电池或光电管；在一般较精密的荧光分光光度计中常用光电倍增管检测。为了改善信噪比，常采用冷却检测器的办法。二极管阵列和电荷转移检测器的使用，极大程度上提高了仪器测定的灵敏度，并可以快速记录激发和发射光谱，还可以记录三维荧光光谱图。

4.3　实验内容

实验八　荧光分光光度法测定维生素B₂的含量

【实验目的】

1. 学习和掌握荧光分光光度法（荧光光谱法）的基本原理和方法。
2. 熟悉荧光分光光度计的结构和使用方法。

【实验原理】

维生素 B₂ 是人体所需的重要生物化学活性分子，具有重要的生理功能，其检测方法有多种，如高效液相色谱法、荧光分光光度法、毛细管电泳电化学法等。本实验采用荧光分光光度法测定其含量。

维生素 B₂（即核黄素，vitamin B₂）为橘黄色无臭的针状结晶，化学名称为 7,8 二甲基-10-(1′-D 核糖基）异咯嗪，其结构式见图 4-3。

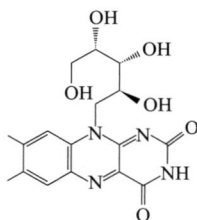

图 4-3　维生素 B₂ 的结构

维生素 B_2 易溶于水而不溶于乙醚等有机溶剂，在中性或酸性溶液中稳定，光照易分解，对热稳定，在碱性溶液中较易被破坏。维生素 B_2 在一定波长的光照射下产生荧光。在稀溶液中，其荧光强度与浓度成正比，即：

$$F = Kc \tag{4-2}$$

故可采用标准曲线法测定维生素 B_2 的含量。

维生素 B_2 溶液在 $450\sim470\text{nm}$ 蓝光的照射下，发出绿色荧光，其最大发射波长为 535nm。其荧光在 $pH=6\sim7$ 时最强，在 $pH=11$ 时消失。维生素 B_2 在碱性溶液中经光线照射会发生分解转化为光黄素，光黄素的荧光比核黄素的荧光强得多，故测定维生素 B_2 的荧光时溶液要控制在酸性范围内，且在避光条件下进行。

本实验通过扫描激发光谱和发射光谱，确定激发光单色器波长和荧光单色器波长。其基本原则是使测量获得最强荧光，且受背景影响最小。激发光单色器的波长可依据激发光谱进行选择，荧光单色器波长可依据荧光光谱进行选择。

如仪器不能扫描，可选择激发光单色器波长为 465nm，荧光单色器波长为 530nm，此时可将 440nm 的激发光及水的拉曼光（360nm）滤除，从而避免了它们的干扰。

【仪器与试剂】

1. 仪器：荧光分光光度计（瓦里安 CaryEclipase 型），吸量管，棕色容量瓶（1000mL、100mL、50mL），棕色试剂瓶。

2. 试剂：乙酸（分析纯），维生素 B_2（分析纯），维生素 B_2 片剂。

【实验步骤】

1. 维生素 B_2 标准溶液的配制

（1）维生素 B_2 标准储备液（$100.0\text{mg} \cdot \text{L}^{-1}$）：准确称取 0.1000g 维生素 B_2，将其溶解于一定量的 1％乙酸中，转移至 1L 棕色容量瓶中，用 1％乙酸稀释至刻度，摇匀。

（2）维生素 B_2 标准工作溶液（$5.00\text{mg} \cdot \text{L}^{-1}$）：准确移取 50.00mL $100.0\text{mg} \cdot \text{L}^{-1}$ 维生素 B_2 标准储备液于 1L 棕色容量瓶中，用 1％乙酸稀释至刻度，摇匀。

2. 维生素 B_2 系列标准溶液的配制

分别吸取 1.00mL、2.00mL、3.00mL、4.00mL 和 5.00mL 维生素 B_2 标准工作溶液于 100mL 棕色容量瓶中，用 1％乙酸稀释至刻度，摇匀，得浓度分别为 $0.10\mu\text{g} \cdot \text{mL}^{-1}$、$0.20\mu\text{g} \cdot \text{mL}^{-1}$、$0.30\mu\text{g} \cdot \text{mL}^{-1}$、$0.40\mu\text{g} \cdot \text{mL}^{-1}$ 和 $0.50\mu\text{g} \cdot \text{mL}^{-1}$ 的维生素 B_2 系列标准溶液。

3. 未知试样的配制

取适量维生素 B_2 片剂，用 1％乙酸溶液溶解，在 1L 棕色容量瓶中定容。吸取适量试样溶液于 50mL 容量瓶中，用 1％乙酸稀释至刻度，摇匀。

4. 荧光分光光度计的基本操作

（1）按照规程进行操作，打开计算机，打开主机电源。主机同时会发出"吱吱"的响声，表示脉冲电源正常工作；

（2）双击"Cary Eclipse"图标进入该程序，双击"Scan"快捷键，进入"Scan-Online"状态；

（3）点击"Setup"图标，选择模式，设置激发和发射波长范围、扫描速度、储存方式等参数，按"OK"返回；

（4）点击"Zero"图标，调节基线零点；

（5）打开主机盖板，将待测样品倒入荧光比色皿，将比色皿外表用卷纸吸干后，放入比色皿架，关上盖板，点击"Start"图标，扫描激发或发射谱图；

（6）在"Graph"下拉菜单中的"Maths"操作中可对谱图进行数学处理；

（7）测试完成后，取出比色皿，洗净；关上主机盖板；关闭电脑，关主机电源、总电源。

5. 激发光谱和荧光发射光谱的绘制

在工作界面上选择测量项目，设置适当的仪器参数，如灵敏度、狭缝宽度、扫描速度、纵坐标和横坐标间隔及范围等。具体操作参见荧光分光光度计使用说明。通过激发光谱扫描和发射光谱扫描确定激发光单色器波长和荧光单色器波长。

将 $0.30\mu g \cdot mL^{-1}$ 的维生素 B_2 标准溶液装入石英荧光池中，任意确定一个激发波长（如 400nm），在 $350\sim530nm$ 范围内扫描记录荧光发射强度和激发波长的关系曲线，便得到激发光谱，从激发光谱图上可找出其最大激发波长 λ_{ex}。再固定该 λ_{ex}，在 $450\sim700nm$ 范围内扫描荧光发射光谱，确定最大荧光发射波长 λ_{em}，记录数据。

6. 标准溶液及样品的荧光测定

将激发波长固定在最大激发波长，荧光发射波长固定在最大荧光发射波长处。从稀到浓测量上述系列标准维生素 B_2 溶液的荧光发射强度，记录数据。以溶液的荧光发射强度为纵坐标，标准溶液浓度为横坐标，制作标准曲线。

在同样条件下测定未知溶液的荧光强度，并由标准曲线确定未知试样中维生素 B_2 的浓度，计算待测样品溶液中维生素 B_2 的含量。

7. 退出主程序，关闭计算机，先关主机，最后关氙灯。

【数据处理】

1. 列表记录各项实验数据。

2. 从扫描或绘制的维生素 B_2 激发光谱和荧光光谱图上，确定其最大激发光波长 λ_{ex} 和最大发射光波长 λ_{em}。

3. 采用 Excel 或 Origin 等软件绘制维生素 B_2 的标准曲线或求出 I_F-c 线性方程，从标准曲线上查出或根据其线性方程计算出维生素 B_2 片试液中维生素 B_2 的浓度。

4. 计算维生素 B_2 片中的维生素 B_2 含量（$mg \cdot$ 片$^{-1}$），并将测定值与药品说明书上的标示值比较。

【注意事项】

1. 在测量前，应仔细阅读仪器使用说明书，选择适宜的测量条件。在测量过程中，不可中途随意改变设置好的参数，如需改变，必须重做。

2. 测定次序应从稀溶液到浓溶液，以减少误差。

3. 使用荧光池应注意避免机械碰撞、磨损、划痕，拿取时手指不应接触四个光面。

4. 测试样品时，浓度不宜过高，否则由于存在荧光猝灭效应，样品浓度与其荧光强度不呈线性关系，造成较大的测定误差。配制测试样品时，其浓度所测得的荧光值应在标准工作曲线的线性范围内。

【思考题】

1. 试解释荧光分光光度法比紫外-可见分光光度法灵敏度高的原因。

2. 根据维生素 B_2 的结构特点，说明能发生荧光的物质应具有什么样的分子结构。

3. 怎样选择激发光单色器波长和荧光单色器波长？

4. 维生素 B_2 在 pH＝6～7 时荧光最强，本实验为何在酸性溶液中测定？

5. 测定过程中应注意哪些问题？

6. 荧光分光光度计为什么不把激发光单色器和荧光单色器设计在一条直线上？

实验九 以8-羟基喹啉为络合剂荧光法测定铝的含量

【实验目的】

1. 掌握荧光分光光度计的使用方法。

2. 掌握铝的荧光测定方法，以及荧光测量、萃取等基本操作。

【实验原理】

Al^{3+} 能与许多有机试剂形成会发光的荧光络合物，其中 8-羟基喹啉是较常用的试剂，它与 Al^{3+} 所生成的络合物能被氯仿萃取，萃取液在 365nm 紫外光照射下，会产生荧光，峰值波长在 530nm 处，以此建立铝的荧光测定方法。其测定铝的范围为 0.002～0.24mg $\cdot$ mL^{-1}。

Ga^{3+} 及 In^{3+} 会与该试剂形成会发光的荧光络合物，应加以校正。存在大量的 Fe^{2+}、Ti^{4+}、VO_3^- 会使荧光强度降低，应加以分离。

实验使用标准奎宁溶液作为荧光强度的基准。

【仪器与试剂】

1. 仪器：荧光分光光度计（瓦里安 Cary Eclipase 型或其他型号），容量瓶，125mL 分液漏斗，吸量管，量筒。

2. 试剂：$Al_2(SO_4)_3 \cdot K_2SO_4 \cdot 24H_2O$，8-羟基喹啉，$NH_4Ac$，浓氨水，硫酸，冰醋酸，奎宁硫酸盐，待测试样。

【实验步骤】

1. 溶液的配制

(1) 铝的标准储备液（1.000g $\cdot$ L^{-1}）：溶解 17.57g 硫酸铝钾 [$Al_2(SO_4)_3 \cdot K_2SO_4 \cdot 24H_2O$] 于蒸馏水中，滴加 1：1 硫酸至溶液澄清，移至 1000mL 容量瓶中，用水稀释至刻度，摇匀。

(2) 铝的工作标准液（2.00mg $\cdot$ L^{-1}）：取 2.00mL 铝的标准储备液于 1000mL 容量瓶中，用水稀释至刻度，摇匀。

(3) 8-羟基喹啉溶液（2%）：溶解 2g 8-羟基喹啉于 6mL 冰醋酸中，用水稀释至 100mL。

(4) 氨性缓冲溶液：称取 NH_4Ac 200g 及浓氨水 70mL，用蒸馏水溶解至 1L，备用。

(5) 标准奎宁溶液（50.0mg $\cdot$ mL^{-1}）：0.5000g 奎宁硫酸盐用 1mol $\cdot$ L^{-1} 硫酸定容至 1000mL 配成母液。再从母液中取 10.00mL，用 1mol $\cdot$ L^{-1} 硫酸定容至 100mL。

2. 系列标准溶液的配制

取六个 125mL 分液漏斗，各加入 40～50mL 蒸馏水，分别加入 0.00mL、1.00mL、2.00mL、3.00mL、4.00mL 及 5.00mL 2.00mg $\cdot$ mL^{-1} 铝的工作标准液。沿壁加入 2mL

2%的 8-羟基喹啉溶液和 2mL 氨性缓冲溶液至以上各分液漏斗中，摇匀。每个溶液均用 20mL 氯仿萃取 2 次，萃取氯仿溶液通过脱脂棉滤入 50mL 容量瓶中，并用少量氯仿洗涤脱脂棉，用氯仿稀释至刻度，摇匀。

3. 荧光强度的测量

选择 365nm 为激发波长，530nm 为发射波长，用标准奎宁溶液调节荧光分光光度计的狭缝宽度以及检测电流等各项仪器参数，使荧光强度调节到最大值。在此条件下分别测量系列标准溶液的荧光强度。

4. 未知试液的测定

取一定体积未知试液，按步骤 1、2、3 处理并测量。

【数据处理】

1. 记录系列标准溶液的荧光强度，并绘出标准曲线。
2. 记录未知试样的荧光强度，由标准曲线求得未知试样的铝浓度。

【思考题】

标准奎宁溶液的作用是什么？如不用标准奎宁溶液，测量应如何进行？

实验十　荧光法测定乙酰水杨酸和水杨酸含量

【实验目的】

1. 掌握用荧光分光光度法测定药物中乙酰水杨酸和水杨酸的方法。
2. 掌握荧光分光光度分析法的基本原理。
3. 熟悉荧光分光光度计（或荧光光度计）的结构和使用方法。

【实验原理】

通常称为 ASA 的乙酰水杨酸水解即生成水杨酸（SA），而在阿司匹林中，都或多或少地存在一些水杨酸，用氯仿作为溶剂，用荧光法可以分别测定，加少许乙酸可以增加二者的荧光强度。

为了消除药片样品之间的差异，可取几片药片一起研磨，然后取部分有代表性的样品进行分析。

【仪器与试剂】

1. 仪器：荧光光度计（瓦里安 Cary Eclipase 型或其他型号），石英荧光池，容量瓶（1000mL、100mL、50mL），10mL 吸量管，滤纸。
2. 试剂：乙酰水杨酸，乙酸，氯仿，水杨酸，阿司匹林药片。

【实验步骤】

1. 储备液的配制

乙酰水杨酸储备液：称取 0.4000g 乙酰水杨酸溶解于 1%乙酸-氯仿溶液中，用 1%乙酸-氯仿溶液定容于 1000mL 容量瓶中。

水杨酸储备液：称取 0.750g 水杨酸溶解于 1%乙酸-氯仿溶液中，并用其定容于 1000mL 容量瓶中。

2. 绘制乙酰水杨酸和水杨酸的激发光谱和荧光光谱

将乙酰水杨酸和水杨酸储备液分别稀释 100 倍（每次稀释 10 倍，分 2 次完成）。用该溶液分别绘制乙酰水杨酸和水杨酸的激发光谱和荧光光谱曲线，并分别找到它们的最大激发波长和最大发射波长。

3. 制作标准曲线

（1）乙酰水杨酸标准曲线

在 5 支 50mL 容量瓶中，用吸量管分别加入 $4.00\mu g \cdot mL^{-1}$ 乙酰水杨酸溶液 2.00mL、4.00mL、6.00mL、8.00mL、10.00mL，用 1％乙酸-氯仿溶液稀释至刻度，摇匀，分别测量它们的荧光强度。

（2）水杨酸标准曲线

在 5 支 50mL 容量瓶中，用吸量管分别加入 $7.50\mu g \cdot mL^{-1}$ 水杨酸溶液 2.00mL、4.00mL、6.00mL、8.00mL、10.00mL。用 1％乙酸-氯仿溶液稀释至刻度，摇匀，分别测量它们的荧光强度。

4. 阿司匹林药片中乙酰水杨酸和水杨酸的测定

将 5 片阿司匹林药片称量后磨成粉末，称取 400.0mg 粉末，用 1％乙酸-氯仿溶液溶解，全部转移至 100mL 容量瓶中，用 1％乙酸-氯仿溶液稀释至刻度。迅速通过定量滤纸过滤。用该滤液在与标准溶液同样条件下测量 SA 荧光强度。

将上述滤液稀释 1000 倍（分 3 次稀释来完成，每次稀释 10 倍），与标准溶液同样条件下测量乙酰水杨酸荧光强度。

【数据处理】

1. 从绘制的乙酰水杨酸和水杨酸激发光谱和荧光光谱曲线上，确定它们的最大激发波长和最大发射波长。

2. 分别绘制乙酰水杨酸和水杨酸标准曲线，并从标准曲线上确定试样溶液中乙酰水杨酸和水杨酸浓度，并计算每片阿司匹林药片中乙酰水杨酸和水杨酸的含量（mg），并将乙酰水杨酸测定值与说明书上的值比较。

【注意事项】

阿司匹林药片溶解后，1h 内要完成测定，否则乙酰水杨酸的量将降低。

【思考题】

1. 标准曲线是直线吗？若不是，从何处开始弯曲？解释原因。

2. 作乙酰水杨酸和水杨酸的激发光谱和发射光谱曲线，并解释这种分析方法可行的原因。

第5章

原子发射光谱分析法

5.1 基本原理

原子发射光谱法是依据元素在受到热或电激发下，由基态跃迁到激发态，再返回到基态时，发射出特征光谱而进行定性与定量分析的方法。原子发射光谱法常以电弧、火花、ICP等为激发源，可测量的元素种类有七十多种。在近代各种材料的定性、定量分析中，原子发射光谱法发挥了重要的作用，特别是新型光源的出现与电子技术的不断更新和应用，使原子发射光谱分析获得了新的发展，成为仪器分析中最重要的方法之一。

原子发射光谱定性分析的依据是各种元素的原子被激发后，可发射许多波长不同的光谱线，根据量子理论，谱线的波长 λ 和能量 E 的关系为：

$$\lambda = c/\nu \tag{5-1}$$

$$\Delta E = E_2 - E_1 = h\nu \tag{5-2}$$

式中，c 为光速；h 为普朗克常量；ν 为光的频率；ΔE 为两能级的能量差。各种原子的原子结构不同，其发射的光谱也不同，根据各元素的特征谱线，可对该元素进行定性分析。

原子发射光谱定量分析的依据是谱线强度 I 与试样中该元素的含量 c 符合以下经验公式：

$$I = ac^b \tag{5-3}$$

$$\lg I = b\lg c + \lg a$$

式中，a 为常数，与试样的蒸发、激发和组成有关；b 为自吸系数，与谱线的自吸有关，通常 $b \leqslant 1$，在浓度较低以及光源为 ICP 光源时，$b = 1$。该公式又称赛伯-罗马金公式，可通过配制标准溶液，测量待测元素谱线强度，再和样品中的待测元素谱线强度比较，得到定量信息，具体方法有标准曲线法、内标法等。

5.2 仪器基本结构

原子发射光谱仪种类繁多，例如火焰发射光谱仪、微波等离子体光谱仪以及电感耦合等离子体光谱仪等。这些仪器的构造虽各有特色，但普遍遵循一个基本框架，即由光源、单色分离系统和检测系统这三大核心部件构成。

等离子体原子发射光谱仪（ICP-AES），其设计更为精细复杂。该仪器主要包括高频发生器，用以激发能量，氩气作为工作气体，等离子体发生器用于产生高温等离子体环境，进样装置（内含雾化器等）用于实现样品的精细化引入，光谱仪负责光谱的分析与检测，以及计算机信息处理系统用于数据的收集、处理与分析。这一系列部件协同工作，确保了 ICP-AES 在元素分析领域的高效能与精确度，见图 5-1。

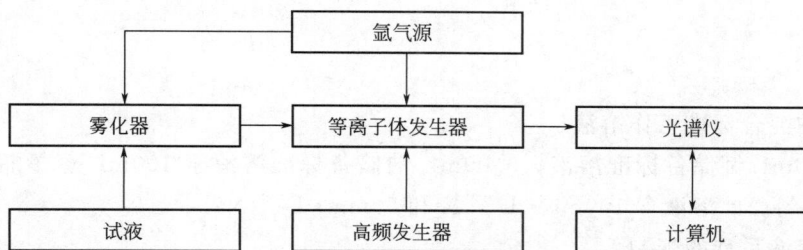

图 5-1 等离子体原子发射光谱仪分析装置图

液体试样经雾化器雾化后以气溶胶的形式进入等离子体中，在等离子体中被蒸发，分解，形成原子后，再进一步被激发，产生的谱线经光谱仪记录下来，用于定性或定量分析。实验条件现多由计算机设定及控制。

5.3 实验内容

实验十一 火焰光度法测定自来水中的钾、钠

【实验目的】

1. 学习和熟悉火焰光度法测定钾、钠的方法。
2. 加深对火焰光度法原理的理解。
3. 了解火焰光度计的结构及使用方法。

【实验原理】

以火焰为激发源的原子发射光谱法叫火焰光度法，火焰光度法又叫火焰发射光谱法，利用火焰光度计测定元素在火焰中被激发时发射出的特征谱线的强度来进行定量分析。

样品溶液经雾化后喷入燃烧的火焰中，溶剂在火焰中蒸发，试样熔融转化为气态分子，继续加热又解离为原子，再由火焰高温激发发射特征光谱。通过单色器把元素所发射的特定波长的光分离出来，经光电检测系统进行光电转换，再由检流计测出特征谱线的强度。

用火焰光度法进行定量分析时，若激发条件保持一致，则谱线强度与待测元素的浓度成正比。当浓度很低时，自吸现象可忽略不计，通过测量待测元素特征谱线的强度，即可进行定量分析：

$$I = ac \qquad (5-4)$$

K、Na 元素通过火焰燃烧容易激发而放出不同能量的谱线，用火焰光度计测定 K 原子

发射的 766.8nm 和 Na 原子发射的 589.0nm 两条谱线的相对强度,利用标准曲线法可进行 K、Na 的测定。为抵消 K、Na 间的相互干扰,其标准溶液可配成 K、Na 混合标准溶液。

本实验使用液化石油气-空气(或汽油)火焰。

【仪器与试剂】

1. 仪器:火焰光度计(INESA FP6450 型或其他型号),电热板,分析天平,台秤,容量瓶。

2. 试剂:$1.000g \cdot L^{-1}$ 钾储备标准溶液(KCl),$1.000g \cdot L^{-1}$ 钠储备标准溶液(NaCl)。

【实验步骤】

1. 钾、钠混合标准工作溶液

移取 10.0mL 钾储备标准溶液,5.00mL 钠储备标准溶液于 100mL 容量瓶中,加水稀释至刻度,摇匀。此溶液含 $100mg \cdot L^{-1}$ K 和 $50mg \cdot L^{-1}$ Na。

2. 标准溶液系列的配制

在 50.0mL 容量瓶中,分别加入 0.00mL、2.00mL、4.00mL、6.00mL、8.00mL、10.00mL 的钾、钠混合标准工作溶液,用蒸馏水定容。

3. 样品溶液的配制

在 3 个 50mL 容量瓶中,分别准确移取钾未知溶液、钠未知溶液以及钾钠混合未知溶液各 5.00mL,用蒸馏水定容,备用。

4. 火焰光度计的操作步骤

(1)开机检验

打开仪器背面电源开关,显示屏显示"火焰光度计"字样。打开空气压缩机电源,调节空气过滤减压阀使压力表显示 0.15MPa。将进样口毛细管放入蒸馏水中,在废液口下放废液杯。雾化器内应有水珠撞击,废液管应有水排出。

(2)点火

打开液化气钢瓶开关。向下按住燃气阀旋钮(LPG Valve 旋钮),从关闭位置左转 90°,按住不放至点火,点着后向里推一下旋钮再放手。点火完成后,把燃气阀向左转,直到不能转动为止。

(3)调节火焰形状至最佳状态

点火后,由于进样空气的补充,使燃气得到充分燃烧。此时,一边观察火焰形状,一边调节微调阀(Fine Adjust 旋钮),控制火苗大小,使进入燃烧室的气态分子达到一定值,此时以蒸馏水进样,火焰呈最佳状态,即锥形,呈蓝色,尖端摆动较小。

(4)预热

仪器在进蒸馏水的条件下预热 30min 左右,待仪器稳定后,方可进行测试。注意仪器点火后,不可空烧,一定要把管路放入蒸馏水中进样,同时废液管有水排出。

5. 校正和操作

校正:用空白溶液与最大浓度溶液对火焰光度计进行校正。

仪器预热后,由稀到浓依次测定混合标准溶液系列,每个溶液测三次,取平均值。然后在火焰光度计上测试未知液,记录相应读数,在标准曲线上查出其浓度。

测试样品时,每两个样品间应用蒸馏水冲洗归零,排除样品间的互相干扰。

6. 关机步骤

仪器使用完毕，务必用蒸馏水进样 5min，清洗流路后，应首先关闭液化燃气罐的开关阀，此时仪器火焰逐渐熄灭。关闭燃气阀（LPG Valve 旋钮），但微调阀（Fine Adjust 旋钮）不要关，下次开机点火，仪器能保持原有的火焰大小。最后切断主机和空气压缩机的电源。

【数据处理】

以浓度为横坐标，K、Na 的发射强度为纵坐标，分别绘制 K、Na 的标准曲线。由未知试样的发射强度求出样品中的 K、Na 的含量（用质量分数表示）。

【思考题】

1. 火焰光度计中的滤片有什么作用？
2. 如果标准溶液系列浓度范围过大，则标准曲线会弯曲，为什么会有这种情况发生？
3. 火焰光度法属于哪类光谱分析法？用火焰光度法是否能测定电离能较高的元素，为什么？
4. 本实验引起误差的因素有哪些？

实验十二 原子发射光谱分析测定矿泉水样中的微量金属元素

【实验目的】

1. 学习原子发射光谱定性分析和定量分析的原理和方法。
2. 了解电感耦合等离子体发射光谱仪的使用。

【实验原理】

根据原子发射的特征谱线进行定性分析，实际应用时可根据待测元素的几条"灵敏线"或"最后线"判断该元素存在与否。

根据赛伯-罗马金公式进行定量测定，当元素浓度很低时，自吸现象可忽略不计，通过测量待测元素特征谱线的强度与浓度的关系，进行定量分析。

本实验先对矿泉水试样中的微量元素进行定性分析，然后对 Ca、Mg、Sr、Zn、Li 等微量金属元素进行定量分析，实验时可根据具体情况，选择其中 2～5 种进行测试。

电感耦合高频等离子体通常由高频发生器、等离子体炬管、雾化器、分光器、检测器等几部分组成。①高频发生器：高频发生器通过工作线圈给等离子输送能量，主要频率为 27.12MHz、40.68MHz。目前仪器主要使用晶体控制高频发生器，输出功率和频率稳定性高。②等离子体炬管：

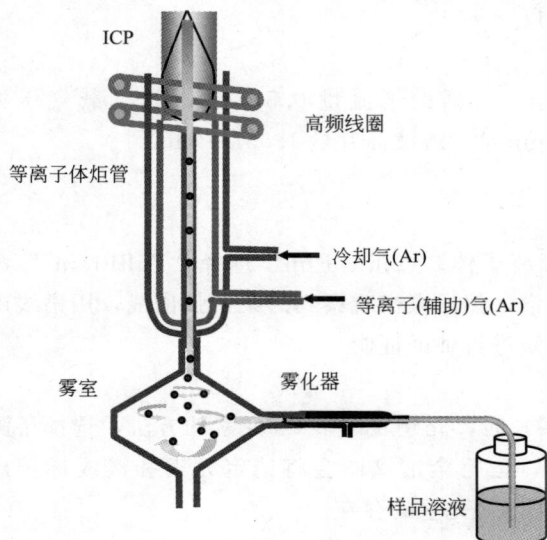

图 5-2 样品导入系统

ICP
高频线圈
等离子体炬管
冷却气(Ar)
等离子(辅助)气(Ar)
雾室
雾化器
样品溶液

三层同心石英玻璃炬管置于高频感应线圈中，等离子体工作气体从管内通过，试样在雾化器中雾化后，由中心管进入火焰；外层 Ar 从切线方向进入，保护石英管不被烧熔，中层 Ar 用来点燃等离子体。冷却气：$10\sim20L \cdot min^{-1}$；辅助气：$0\sim1.5L \cdot min^{-1}$；雾化气：$0.4\sim1.0L \cdot min^{-1}$。③试样雾化器。④光谱系统。样品导入系统见图 5-2。

【仪器与试剂】

1. 仪器：美国 PEOPTIMA8000 微波等离子体原子发射光谱仪或其他型号，液氩罐或氩气钢瓶，容量瓶。

2. 试剂：$100.0\mu g \cdot mL^{-1}$ Ca、Mg、Sr、Zn、Li 各标准储备液，HNO_3（1∶1）、市售矿泉水，去离子水。

【实验步骤】

1. 标准储备液的配制

（1）Ca 标准储备液（$100.0\mu g \cdot mL^{-1}$）

准确称取 $105\sim110℃$ 干燥至恒重的 $CaCO_3$ 0.1000g 溶于 30mL HNO_3（$1mol \cdot L^{-1}$）中，转移至 1000mL 容量瓶中，用去离子水稀释至刻度。

（2）Mg 标准储备液（$100.0\mu g \cdot mL^{-1}$）

准确称取 800℃ 干燥至恒重的 MgO 0.1000g 溶于 30mL HNO_3（$1mol \cdot L^{-1}$）中，转移至 1000mL 容量瓶中，用去离子水稀释至刻度。

（3）Sr 标准储备液（$100.0\mu g \cdot mL^{-1}$）

准确称取 800℃ 干燥至恒重的 $SrCl_2$ 0.1000g 溶于 1mL 硝酸和 10mL 水中，转移至 1000mL 容量瓶中，用去离子水稀释至刻度。

（4）Zn 标准储备液（$100.0\mu g \cdot mL^{-1}$）

准确称取 900℃ 干燥至恒重的 ZnO 0.1000g 溶于 20mL 硝酸和水（1∶1）混合液中，转移至 1000mL 容量瓶中，用去离子水稀释至刻度。

（5）Li 标准储备液（$100.0\mu g \cdot mL^{-1}$）

准确称取已干燥至恒重的 $LiNO_3$ 0.1000g 溶于 1mL 硝酸和 10mL 水的混合溶液中，转移至 1000mL 容量瓶中，用去离子水稀释至刻度。

2. 实验条件

高频功率 1150W、冷却气流量 $15L \cdot min^{-1}$、辅助气流量 $0.5L \cdot min^{-1}$、载气压力 24psi（$1psi=6.895kPa$）、蠕动泵转速 $100r \cdot min^{-1}$、溶液提升量 $1.85L \cdot min^{-1}$。

3. 定性分析

（1）未知试样的定性分析

按照仪器操作规程设置仪器参数，点燃等离子体。点击"Run"选择"FullFrame"命令，运行全谱指令，获得试样的 UV 和 Vis 全谱，然后点击观察到的某条强谱线，用谱线库对其进行鉴别，同时寻找该元素的其他二级谱线进行辅助证明。

（2）试样中指定元素的检查

Ca 定性检测（或其他已有标准溶液的元素）时，先建立一个 Ca 元素的方法，选择待测元素的某条谱线，用一份含有 Ca 元素的溶液，运行全谱谱图会将选定元素和谱线标记出来。在待测溶液测量时标记处有光斑则可以证明 Ca 元素的存在。

4．定量分析

（1）混合标准溶液的配制

① 分别移取 Ca、Mg、Sr、Zn、Li 标准储备液 5.00mL 于 50mL 容量瓶中，加入 2mL HNO$_3$（1∶1，下同），用去离子水稀释至刻度，得到浓度分别为 10.00μg·mL^{-1} 的混合标准溶液 1。

② 另取一 50mL 容量瓶，吸取上述 10.00μg·mL^{-1} 混合标准溶液 5.00mL，加入 2mL HNO$_3$，用去离子水稀释至刻度，得到浓度分别为 1.00μg·mL^{-1} 混合标准溶液 2。

③ 再取一 50mL 容量瓶，吸取 1.00μg·mL^{-1} 混合标准溶液 5.00mL，加入 2mL HNO$_3$，再用去离子水稀释至刻度，得到浓度为 0.100μg·mL^{-1} 混合标准溶液 3。

（2）试样溶液配制

移取一定体积矿泉水试样于 100mL 容量瓶中，加入 4mL HNO$_3$，用去离子水稀释至刻度。

（3）测定

① 根据仪器操作规程，开启仪器，设置分析条件，由于不同元素有各自最佳操作条件，本实验根据待分析元素综合选择合适的参数，设定并记录。

② 元素峰形扫描。将进液管插入 10.00μg·mL^{-1} 混合标准溶液中，进行元素峰形扫描，完成峰形存储。

③ 标准试样的测量。将进液管依次插入三种混合标准溶液中，测量并记录谱线强度，作校正曲线。

④ 试样分析。将进液管插入试样溶液中，测量并记录谱线强度。

⑤ 实验结束后，按仪器操作规程关闭仪器。

【数据处理】

1．定性分析

试样定性分析结果填写表 5-1。

表 5-1　定性结果分析

杂质元素名称	谱线波长及其强度级别	杂质元素名称	谱线波长及其强度级别

2．定量分析

按表 5-2 填写记录谱线强度，绘制谱线强度-浓度曲线，根据曲线计算未知试样中各元素含量，结果以 μg·mL^{-1} 表示。

表 5-2　定量结果分析

编号	Ca	Mg	Sr	Li	Zn
空白					
标准溶液 1(10.00μg·mL^{-1})					
标准溶液 2(1.00μg·mL^{-1})					
标准溶液 3(0.100μg·mL^{-1})					

【思考题】

1．原子发射光谱定性和定量分析的基本理论是什么？

2．等离子体发射光谱仪主要有哪几部分？各部分的作用是什么？

3．本实验元素的谱线强度会受到哪些因素的影响？

4．氩气在本实验中有哪几个功能？

第6章
原子吸收光谱分析法

原子吸收光谱分析法（atomic absorption spectrometry，AAS）（又称原子吸收分光光度法）是 20 世纪 50 年代发展起来的一种仪器分析法，该方法检出限低（$10^{-14} \sim 10^{-10}$ g）、灵敏度高、选择性好、操作简便，主要用于环境、食品、化妆品、医药、地质、金属材料、生物样品、化工材料等领域的 70 多种元素的微量和痕量分析。

6.1　基本原理

原子吸收光谱分析法是基于从光源发出的被测元素特征辐射通过元素的原子蒸气时被其基态原子吸收，由辐射的减弱程度测定元素含量的一种现代仪器分析方法。

当光源发射的某一特征波长的辐射通过原子蒸气时，被原子的外层电子选择性地吸收，使通过原子蒸气的入射辐射强度减弱，其减弱程度与蒸气中该元素的原子浓度成正比，在实验条件一定时，基态原子对共振线的吸收程度与蒸气中基态原子的数目和原子蒸气厚度的关系，在一定的条件下，服从朗伯-比耳定律：

$$A = \lg \frac{I_0}{I} = K N_0 L \tag{6-1}$$

式中，A 为吸光度；I_0 为入射辐射强度；I 为透过原子蒸气吸收层的透射辐射强度；K 为吸收系数；N_0 为蒸气中的基态原子数目；L 为原子吸收层的厚度。

由于原子化过程中激发态原子数目很少，蒸气中的基态原子数目实际上接近于被测元素的总原子数目，而总原子数目与溶液中被测元素的浓度 c 成正比。在 L 一定的条件下：

$$A = Kc \tag{6-2}$$

式中，A 为吸光度；c 为溶液中被测元素的浓度；K 为常数。此式就是原子吸收光谱法进行定量分析的理论基础。

由于原子能级是量子化的，在所有的情况下，原子对辐射的吸收都是有选择性的。由于各元素的原子结构最外层电子的排布不同，元素从基态跃迁至第一激发态时吸收的能量不同，因而各元素的共振吸收线具有不同的特征。

$$\Delta E = h\nu = h \frac{c}{\lambda} \tag{6-3}$$

6.2　原子吸收分光光度计

原子吸收分光光度计（又称原子吸收光谱仪）由光源、原子化系统、分光系统及检测系统组成（图 6-1）。

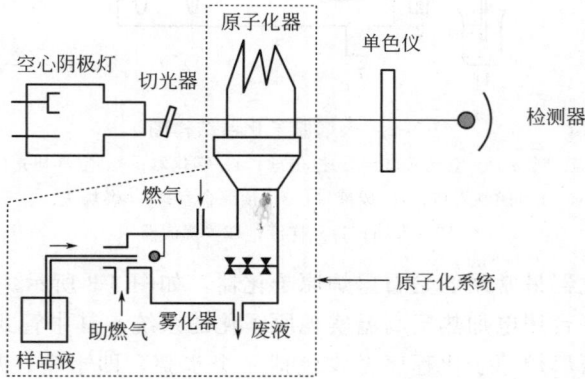

图 6-1　原子吸收光谱仪结构示意图

6.2.1　光源

原子吸收光源（空心阴极灯）是原子吸收光谱分析中的关键组件。它主要功能为发射出待测元素的特征谱线光，这些光线用于激发样品中的原子，通过测量光的吸收程度来确定元素的含量。空心阴极灯因发光效率高、稳定性好及谱线宽度窄等优点而被广泛应用。其工作原理基于辉光放电，通过电场作用使惰性气体电离，并溅射阴极表面的待测金属原子，进而发射特征光谱线。

6.2.2　原子化器

原子化器的功能是提供能量使试样干燥、蒸发和原子化。在原子吸收光谱分析中，试样中被测元素的原子化是整个分析过程的关键环节。实现原子化的方法通常有火焰原子化法和非火焰原子化法两种。

（1）火焰原子化器（图 6-2）由喷雾器、预混合室、燃烧器三部分组成，其特点是操作简便、重现性好。

雾化器的作用是将试液雾化，使之形成直径为微米级的气溶胶，雾粒越细、越多，在火焰中生成的基态自由原子就越多。混合室的作用是使较大的气溶胶在室内凝聚为大的溶珠沿室壁流入废液管排走，使进入火焰的气溶胶在混合室内充分混合均匀，以减少它们进入火焰时对火焰的干扰，并使气溶胶在室内部分蒸发脱溶，最常用的燃烧器是单缝燃烧器，其作用是产生火焰，使进入火焰的气溶胶蒸发和原子化。

原子吸收测定中用的火焰有乙炔-空气火焰、氢气-空气火焰和乙炔-氧化亚氮高温火焰，其中乙炔-空气火焰最为常用。适宜火焰条件的选择十分重要，针对具体试样，可根据参考文献和实验进行确定，火焰的温度一般以刚好使原子分解为基态的自由原子为宜。同时还应考虑火焰本身对光的吸收，如烃类火焰在短波区有较大吸收，而氢火焰的透射性能在短波区则好很多。

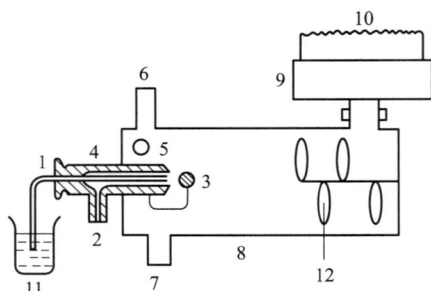

图 6-2　火焰原子化器结构图

1—毛细管；2—空气入口；3—撞击球；4—雾化器；5—空气补充口；

6—燃气入口；7—废液口；8—预混合室；9—燃烧头；

10—火焰；11—样液；12—扰流器

（2）非火焰原子化器最常用的是石墨炉原子化器，如图 6-3 所示。石墨炉原子化器是一类将试样放置在石墨平台用电加热至高温实现原子化的系统。其中管式石墨炉是最常用的原子化器。一个典型的石墨炉原子化程序至少包括 4 个步骤，即干燥、灰化（热分解）、原子化和净化。干燥步骤的目的是将样品溶液中的溶剂赶走，干燥程序是否设定合适将会影响到测定吸光度的重复性和石墨管的寿命。灰化（热分解）步骤的目的是使与测定元素共存的那些物质在原子化阶段前除掉，以免在原子化步骤对测定信号产生影响。原子化步骤的目的就是将要测定的元素从离子或分子状态变为处于基态的自由原子，以便进行光度测量。净化步骤的目的是将此次测量中留下的分析物、样品基体等去除掉，防止它们对下一次测量产生干扰。

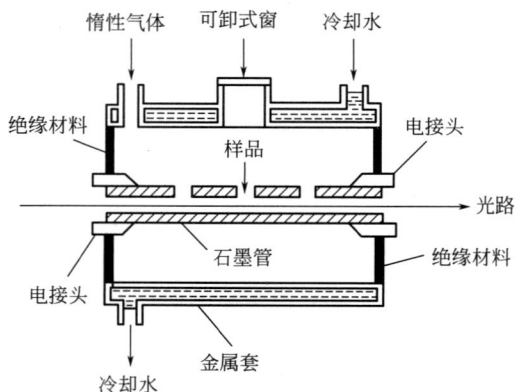

图 6-3　石墨炉原子化器结构图

6.2.3　分光系统

分光系统由入射和出射狭缝、反射镜和色散元件组成。其作用是将待测元素的共振吸收线与邻近的谱线分开。分光器（单色器）的关键部件是色散元件，现在的仪器都是使用光栅。光栅置于原子化器之后，以阻止来自原子化器内的所有不需要的辐射进入检测器。

6.2.4　检测系统

检测系统由光电转换器、放大器和读数装置组成，其作用是将待测元素光信号转换为电信号，经放大数据处理显示结果。原子吸收光谱仪中广泛使用的检测器是光电倍增管，目前一些仪器也采用全谱高灵敏度阵列式多像素点 CCD 固态检测器。

6.3　实验内容

实验十三　原子吸收光谱法测定水中微量金属元素

【实验目的】

1. 学习原子吸收光谱分析法的基本原理。
2. 了解原子吸收光谱分析仪的基本结构及使用方法。
3. 掌握以标准曲线法测定水中钾、钠、钙、镁含量的方法。

【实验原理】

原子吸收光谱分析主要用于定量分析。在一定浓度范围内，被测元素的浓度、入射光强度和透射光强度三者之间的关系符合朗伯-比耳定律。根据这一关系可以用校准曲线法或标准加入法来测定未知溶液中某元素的含量。

标准曲线法是原子吸收光谱分析中最常用的方法之一，该法常用于分析共存的基体成分较为简单的试样。标准曲线法是配制已知浓度的标准溶液系列，在一定的仪器条件下，依次测出它们的吸光度，以标准溶液的浓度为横坐标，相应的吸光度为纵坐标，绘制标准曲线。试样经适当处理后，在与测量标准曲线吸光度相同的实验条件下测量其吸光度，根据试样溶液的吸光度，即可在标准曲线上查出试样溶液中被测元素的含量，再换算成原始试样中被测元素的含量。

【仪器与试剂】

1. 仪器

原子吸收分光光度计（北分瑞利 WFX-220 型或普析 TAS-990 型），钾、钠、钙，镁空心阴极灯，乙炔气钢瓶，空气压缩机，量筒，容量瓶，移液管等。

2. 试剂

钾、钠、钙、镁标准储备液（$1000\mu g \cdot mL^{-1}$），盐酸，去离子水，待测自来水。

【实验步骤】

1. 标准溶液配制

钾、钠、钙、镁标准使用液（$10.00\mu g \cdot mL^{-1}$）：精确吸取钾、钠、钙、镁标准储备液（$1000\mu g \cdot mL^{-1}$）1.00mL 于 100mL 的容量瓶中，用去离子水定容至刻度，摇匀备用。

钾、钠、钙、镁标准溶液系列：准确吸取 1.0mL、2.0mL、4.0mL、8.0mL、12.0mL、16mL 钾、钠、钙、镁标准使用液（$10\mu g \cdot mL^{-1}$），分别置于 6 只 100mL 容量瓶中，去离子水定容至刻度，摇匀备用。该标准溶液系列钾、钠、钙、镁的质量浓度分别为 $0.1\mu g \cdot mL^{-1}$、

$0.2\mu g \cdot mL^{-1}$、$0.4\mu g \cdot mL^{-1}$、$0.8\mu g \cdot mL^{-1}$、$1.2\mu g \cdot mL^{-1}$、$1.6\mu g \cdot mL^{-1}$。

2. 仪器参数

波长：钾 766.5nm、钠 589nm、钙 422.7nm、镁 285.2nm；通带 0.2nm；灯电流 1.0mA；燃烧器高度 5～6mm；空气流量 $7.0L \cdot min^{-1}$；乙炔流量 $2.0L \cdot min^{-1}$。

3. 北分瑞利 WFX-220 型原子吸收分光光度计基本操作

（1）打开电脑，安装元素灯（注意灯座豁口方向），开原子吸收主机。点击"创建新方法"进行方法参数设置。

（2）在主界面点击"新建"图标，创建分析任务，依次点击选择方法，选择钾、钠、钙、镁元素灯，添加样品信息，点击"确定"完成测试参数设置，并进入测量主界面。点击"仪器通讯连接"图标。

（3）显示成功后，检查元素灯位置是否正确，点击工作空心阴极灯区"设置"点亮元素灯，点击光谱带宽右侧"设置"切换工作狭缝，然后点击"自动波长"执行波长自动优化，注意：此时光路不要有遮挡。自动波长后主光束到 100% 左右。

（4）预热仪器预热 30min。观察"主光束"是否仍在 100% 左右，如果不在，点击"自动增益"或重新执行"自动波长"，直至主光束能量稳定在 100% 左右后才可以开始准备测量工作。

（5）点火检查仪器废液排放出口的水封，保证废液管内有水，确认点火保护开关已关闭，点火。

（6）关闭汽水分离器；通气打开空气压缩机，调整压力到达 0.3MPa；按"放气阀" 2～3 次；打开乙炔钢瓶，将乙炔输出压力调至 0.08MPa 左右；打开汽水分离器上的空气开关，压力调到 0.22MPa 左右。

（7）吸水调零，按顺序进标准溶液，待吸收值稳定后点击，读数。标准溶液测定完毕后检查工作曲线，如果工作曲线没有问题，即可依次吸入样品空白和待测样品进行测量读数。每测完一个样品，吸去离子水 5～10s，避免样品相互干扰。

（8）待所有样品全部测量完成后，继续吸入去离子水清洗原子化系统 5～10min，然后吸空气空烧 2～3min。将测量数据保存为文件，输出分析报告。

4. 普析 TAS-990 型原子吸收光谱仪操作

（1）开机。打开工作站（电脑）电源开关，打开 TAS 990 型原子吸收光谱仪器电源开关，双击"AAvin 软件"图标，点击"联机"，仪器自检。

（2）参数设置自检完毕后，依次选择钾、钠、钙、镁元素灯，设置参数（实验步骤 2 中参数），在分析线波长处寻峰，使共振线波长处的能量在 95% 以上，并设置样品测量参数。

（3）预热仪器预热 30min。

（4）通气打开空气压缩机（操作顺序：风机开关→工作开关），调出口压力为 0.25MPa；打开乙炔钢瓶开关，调出口压力为 0.05MPa。

（5）点火检查仪器废液排放出口的水封，保证废液管内有水，确认点火保护开关已关闭，点火。

（6）测量。毛细管吸入去离子水，校零，然后依次测定标准溶液系列溶液；再吸入待测自来水，测量；每测完一个样品，吸去离子水 5～10s，避免样品相互干扰。

（7）清洗测量完毕，吸去离子水 5～10min，清洗原子化装置。

（8）关机，关闭乙炔，灭火，再关空压机（顺序：工作开关→放水，风机开关），关闭仪器及工作站。

【数据处理】

1. 标准曲线绘制：测量钾、钠、钙、镁标准溶液系列的吸光度，然后以吸光度为纵坐标，质量浓度为横坐标绘制标准曲线，并计算回归方程和相关系数。

2. 计算水中钾、钠、钙、镁的含量：测定水中的吸光度，然后在上述标准曲线上分别查得水中钾、钠、钙、镁的浓度含量（或用回归方程计算），以 $\mu g \cdot mL^{-1}$ 表示。

【注意事项】

1. 实验期间，应打开通风设备，使金属蒸气及时排放到室外。

2. 点火时，先开空气后开乙炔；熄火时则先关乙炔，后关空气。室内若有乙炔气味，应立即关闭乙炔气源，通风，排除后再继续实验。

3. 应关掉灯电源后再更换空心阴极灯，以防触电或造成灯电源短路。

4. 钢瓶附近严禁烟火，排液管应水封，以免回火。

【思考题】

1. 简述原子吸收光谱分析法的基本原理。

2. 标准曲线法定量分析有哪些优点？在哪些条件下适于采用？

实验十四　火焰原子吸收光谱法测定锌

【实验目的】

1. 进一步熟悉原子吸收分光光度计的基本构造和操作方法。

2. 掌握火焰原子吸收光谱法测锌的条件。

3. 进一步熟悉和掌握原子吸收分光光度法进行定量分析的方法。

4. 学习和掌握样品的湿法消化或干灰化技术。

【实验原理】

1. 火焰原子吸收光谱法测定味精中的锌

将样品试液吸入空气-乙炔火焰中，在火焰的高温下，锌化合物解离为基态锌原子，基态锌原子蒸气对锌空心阴极灯发射的特征谱线产生吸收。将测得的试样溶液的吸光度扣除试剂空白的吸光度，利用标准曲线法确定试液中锌的含量。

2. 火焰原子吸收光谱法测定毛发中的锌

锌是生物体必需的微量元素。锌广泛分布于有机体的所有组织中，有着重要的生理功能，它是多种与生命活动密切相关的酶的重要成分。例如，它是叶绿体内碳酸酐酶的组成成分，能促进植物的光合作用，对植物的生长发育及产量有着重大影响。对于人和动物，缺锌会阻碍蛋白质的氧化以及影响生长素的形成，表现为食欲不振、生长受阻，严重时会影响繁殖机能；因此锌的测定不仅是土壤肥力和植物营养的常测项目，也是人和动物营养诊断的常测项目。从毛发中锌含量（常简称"发锌"）可以判断锌营养的正常与否，所以测定发锌是医院常用的诊断手段。

由原子吸收光谱法原理可知，当条件一定时，其定量依据是朗伯-比耳定律。

人或动物的毛发用湿法消化法（消化也称消解）或干灰化法处理成溶液后，溶液对213.9nm波长（锌元素的特征谱线）光的吸光度与毛发中锌的含量呈线性关系，故可直接用标准曲线法测定毛发中锌的含量。

【仪器与试剂】

1. 火焰原子吸收光谱法测定味精中的锌

仪器：原子吸收分光光度计（普析 TAS-990 型或北分瑞利 WFX-220 型），锌空心阴极灯，乙炔钢瓶，烧杯，空气压缩机，容量瓶（1L、100mL、50mL）。

试剂：HCl（1∶1），HCl（1%），Zn，味精。

2. 火焰原子吸收光谱法测定毛发中的锌

仪器：原子吸收分光光度计，锌空心阴极灯，瓷坩埚，烘箱，乙炔钢瓶，烧杯，无油空气压缩机，聚乙烯试剂瓶（500mL），高温电炉（干灰化法）或可调温电加热板（湿消化法），烧杯（250mL），容量瓶，吸量管（5mL），瓷坩埚（30mL）（干灰化法），锥形瓶（100mL）（湿硝化法），弯颈小漏斗（湿消化法）。

试剂：1% HCl 溶液，1∶1 HCl 溶液，HNO_3-$HClO_4$ 混合溶液（4∶1），Zn，毛发。

【实验步骤】

1. 火焰原子吸收光谱法测定味精中的锌

（1）仪器测定条件

波长 213.9nm，通带 0.2nm，灯电流 1.0mA，燃烧器高度 6mm，乙炔流量 2.0L·min^{-1}，空气流量 7.0L·min^{-1}。

（2）锌标准溶液的配制（10.00μg·mL^{-1}）。

称取高纯金属锌 1.000g 于 100mL 烧杯中，以少量 HCl（1∶1）溶解后转入 1L 容量瓶中，用 1% HCl 定容，摇匀。

准确移取 1.00mL 锌标准储备溶液于 100mL 容量瓶中，用蒸馏水稀释、定容，摇匀（现配现用）。

（3）锌系列标准溶液的配制

准确移取 0.10mL、0.20mL、0.30mL、0.40mL、0.50mL 锌标准溶液，分别置于 5 个 50mL 容量瓶中，用蒸馏水稀释至刻度，摇匀。

（4）样品溶液的配制

准确称取味精 4.5～5.0g 两份，加 20mL 蒸馏水溶解后，转入 50mL 容量瓶中，以蒸馏水定容，摇匀。

（5）测吸光度值

根据仪器操作步骤按浓度由低到高的顺序测定标样溶液和样品溶液的吸光度值。

2. 火焰原子吸收光谱法测定毛发中的锌

（1）Zn 标准溶液的配制（100μg·mL^{-1}）

准确称取 0.5000g 金属 Zn（99.9%），溶于 10mL 浓 HCl 中，然后在水浴上蒸发至近干，用少量蒸馏水溶解后移入 1000mL 容量瓶中，用蒸馏水稀释至刻度，摇匀，转入聚乙烯试剂瓶中储存。

吸取 10.00mL Zn 的标准储备液置于 50mL 容量瓶中，用 0.1mol·L^{-1} HCl 定容。

（2）系列标准溶液的配制

在五个 50mL 容量瓶中，分别加入 1.00mL、2.00mL、3.00mL、4.00mL、5.00mL 锌标准溶液，加水稀释至刻度，摇匀，待测。

（3）样品的采集与处理

用不锈钢剪刀取 1～2g 枕部距发根 1～3cm 处的发样，剪碎至 1cm 左右，于烧杯中用中性洗涤剂浸泡 2min，然后用自来水冲洗至无泡，这个过程一般需重复 2～3 次，以保证洗去头发样品上的污垢和油腻。最后，发样用蒸馏水冲洗三次，晾干，置烘箱中于 80℃ 干燥至恒重（6～8h）。

准确称取 0.10g 发样于 30mL 瓷坩埚中，先于电炉上炭化，再置于高温电炉中，升温至 500℃ 左右，直至完全灰化。冷却后用 5mL 10% HCl 溶液溶解，用 1% HCl 溶液定容成 50.0mL，待测（干灰化法）。

也可将准确称取的 0.10g 发样置于 100mL 锥形瓶中，加入 5mL 4:1 HNO_3-$HClO_4$，上面加弯颈小漏斗，于可控温电热板上加热消化，温度控制在 140～160℃，待约剩 0.5mL 清亮液体时，冷却，加 10mL 水微沸数分钟再至近干，放冷，反复处理两次后用水定容成 50.0mL，待测。同时制作空白（湿法消化）。

（4）测量

先安装锌空心阴极灯，按原子吸收分光光度计的仪器操作规程开动仪器，选定测定条件、测定波长、空心阴极灯的灯电流、狭缝宽度、空气流量、乙炔流量等。

（5）用蒸馏水调节仪器的吸光度为零，按浓度由低到高的次序测量系列标准溶液和未知试样的吸光度。

【数据处理】

1. 火焰原子吸收光谱法测定味精中的锌

（1）标准曲线的绘制：以锌标准溶液的吸光度 A 为纵坐标，相应的浓度 c 为横坐标，绘制标准曲线。

（2）样品溶液中锌含量的计算：从标准曲线上查出 c_x 值，乘以稀释倍数后即得味精中锌的含量。

2. 火焰原子吸收光谱法测定毛发中的锌

（1）使用线性回归法绘制标准曲线，并求出毛发中锌的含量。

（2）计算机数据处理法，现代原子吸收分光光度计均备有计算机数据处理（软件）系统，只要将实验测得吸光度 A 及相应的标准溶液浓度数据分别输入计算机中，即可给出回归直线（标准曲线）、线性回归方程和相关系数。由未知试样的吸光度便能很快求出毛发中的锌含量，并可根据相关系数评价实验数据的线性关系。

【注意事项】

1. 试样的吸光度应在标准曲线的区间内，否则可改变取样的体积。

2. 测试人员应在主机关机后检查水电再离开实验室。

【思考题】

1. 试述标准曲线法的特点及适用范围。

2. 如果试样成分比较复杂，应该怎样进行测定？

3. 原子吸收分光光度法中，吸光度 A 与样品浓度 c 之间具有什么样的关系？当浓度较高时一般会出现什么情况？

实验十五　石墨炉原子吸收光谱法测定自来水中的铜

【实验目的】

1. 熟悉石墨炉原子吸收光谱仪的基本结构和操作方法。
2. 了解石墨炉原子吸收光谱分析的过程及特点。
3. 掌握石墨炉原子吸收光谱分析的原理和应用。

【实验原理】

虽然火焰原子吸收光谱法在分析中被广泛应用，但由于雾化效率低等因素使其灵敏度受到限制。石墨炉原子吸收光谱法利用高温石墨管使试样完全蒸发，充分原子化，成为基态原子蒸气，对空心阴极灯发射的特征辐射进行选择性吸收。在一定浓度范围内，其吸收强度与试液中铜的含量成正比。

本法是在硝酸介质中对铜进行测定的。

【仪器与试剂】

1. 仪器：石墨炉原子吸收光谱仪（普析 TAS-990 型或其他型号），铜空心阴极灯，氩气钢瓶，空气压缩机，量筒，容量瓶，移液管，烧杯等。
2. 试剂：硝酸（优级纯），去离子水，铜标准溶液（500mg·L^{-1}）。

【实验步骤】

1. 试样溶液的准备

吸取自来水 5mL 于 100mL 容量瓶中，加入 0.2%（体积分数）硝酸，然后用去离子水稀释至刻度，摇匀待用。

2. 铜标准使用液（0.5mg·L^{-1}）的配制

称取 0.5000g 优级纯铜于 250mL 烧杯中，缓缓加入 20mL 硝酸（1:1），加热溶解，冷却后移入 1000mL 容量瓶中，用去离子水稀释至标线，摇匀。将铜标准溶液准确稀释 1000 倍，得到铜标准使用液。

3. 铜标准溶液系列的配制

取 5 支 100mL 容量瓶，各加入 10mL 0.2% 的硝酸溶液，然后分别加入 0.00mL、2.00mL、4.00mL、6.00mL、8.00mL 铜标准使用液，用去离子水稀释至刻度，摇匀，该系列溶液中铜的浓度分别为 0μg·L^{-1}、10μg·L^{-1}、20μg·L^{-1}、30μg·L^{-1}、40μg·L^{-1}。

4. 仪器操作

打开石墨炉冷却水和保护气（Ar），调节保护气压力到 0.24MPa，打开石墨炉电源开关，启动计算机和原子吸收光度计，调节相应实验参数（参数调节如下），预热仪器 20min。

（1）启动 "AAvin" 软件后点击 "操作" 下拉菜单的 "编辑分析方法"，选择 "石墨炉原子吸收" 后继续选择元素为铜，点击 "确定"，在弹出的界面中，注意选择元素灯位和铜灯在仪器上的位置要一致，按以下实验条件设置好对应的实验参数，并按需要设置好其余的实验条件。实验条件为铜空心阴极灯，波长：324.8nm；灯电流：3mA；狭缝：0.5nm。

（2）点击 "新建" 菜单，选择刚刚创建的文件，联机。在弹出的仪器控制界面中，点击自动增益后尝试点击短、长、上、下，看主光束值，调节主光束值，如果超出140%，则点击一下自动增益，然后继续调节，直至最大后点击"完成"。调节石墨管位置（按上、下、前、后，调节吸光度值至最大）。

（3）调节完毕即可进行实验，先调零，然后按表6-1中的石墨炉升温程序实验条件测试。

表6-1 石墨炉升温程序

元素	干燥			灰化			原子化			净化		
	温度/℃	斜坡/保持时间/(s/s)	氩气流量/mL·min⁻¹	温度/℃	斜坡/保持时间/(s/s)	氩气流量/mL·min⁻¹	温度/℃	斜坡/保持时间/(s/s)	氩气流量/mL·min⁻¹	温度/℃	斜坡/保持时间/(s/s)	氩气流量/mL·min⁻¹
Cu	120	10/30	200	850	150/20	200	2100	0/3	0	2500	0/3	200

5. 测量

测量前先空烧石墨管调零，然后从稀至浓逐个测量溶液，每次进样量为 $50\mu L$，每个溶液测定3次，取平均值。

6. 结束

实验结束，退出主程序，关闭原子吸收分光光度计和石墨炉电源开关，关好气源和电源，关闭计算机。

【数据处理】

1. 记录实验条件。

2. 列表记录测量的铜标准溶液的吸光度，然后以吸光度为纵坐标、铜标准溶液浓度为横坐标绘制工作曲线。

3. 记录水样的吸光度，根据工作曲线计算水样中铜的含量或者直接通过计算机计算实验结果。

【注意事项】

1. 实验前应仔细了解仪器的构造及操作，以便实验能顺利进行。

2. 使用微量注射器时，要严格按照教师指导进行，防止损坏。

【思考题】

1. 简述空心阴极灯的工作原理。

2. 在实验中通氩气的作用是什么？

3. 比较火焰原子化法和非火焰原子化法的优缺点。

实验十六　石墨炉原子吸收光谱法测定食品中的微量铅

【实验目的】

1. 加深了解石墨炉原子吸收光谱法的原理。

2. 学习掌握石墨炉原子吸收光谱仪的基本结构和操作使用方法。

3. 熟悉掌握湿法消解和石墨炉原子吸收光谱法的应用。

【实验原理】

铅是一种蓄积性的有害重金属元素，长期过量摄入可导致人体慢性中毒。

石墨炉原子吸收光谱法是通过石墨炉使石墨管升温至 2000℃ 以上的高温，试样完全蒸发，石墨管内试样待测元素分解形成气态基态原子，由于气态基态原子吸收空心阴极灯发射的共振线，且在一定浓度范围内，其吸收强度和元素含量成正比，以此进行定量分析，它是一种非火焰原子吸收光谱法。

石墨炉原子吸收光谱的定量方法有内标法、外标法及归一化法等，本实验利用外标法测定食品中微量铅的含量。

【仪器与试剂】

1. 仪器：石墨炉原子吸收分光光度计（普析 TAS-990 型），铅空心阴极灯，氩气钢瓶，空气压缩机，可调温电热炉或可调温电热板，电子天平，量筒，容量瓶，塑料瓶，移液管等。

2. 试剂：铅标准储备液（$1000mg \cdot L^{-1}$），硝酸（优级纯），高氯酸（优级纯），0.2% 硝酸溶液，超纯水，待测食品（水果）。

本实验所用玻璃器皿均需以硝酸（1∶5，体积比）溶液浸泡过夜，用水反复冲洗，最后用超纯水冲洗干净。

【实验步骤】

1. 样品处理及消解

样品处理：将待测水果洗净，晾干，取可食部分匀浆，置于塑料瓶中备用。

湿法消解：称取处理好的水果试样 0.2～3g（精确至 0.001g）于带刻度消化管中，加入 10mL 硝酸和 0.5mL 高氯酸，在可调温电热炉上消解（参考条件：120℃/0.5～1h；180℃/2～4h、200～220℃）。若消化液呈棕褐色，再补加少量硝酸，消化至冒白烟，消化液呈无色透明或略带黄色，取出消化管，冷却后用 0.2%（体积分数）硝酸溶液定容至 25mL，混匀备用。同时做试剂空白试验。亦可采用锥形瓶，于可调温电热板上，按上述操作方法进行湿法消解。

2. 标准溶液配制

铅标准中间液（$1.00mg \cdot L^{-1}$）：精确吸取铅标准储备液（$1000mg \cdot L^{-1}$）1.00mL 于 1000mL 的容量瓶中，用 0.2%（体积比）硝酸溶液定容至刻度，摇匀。

铅标准使用液：取 5 支 100mL 容量瓶，各加入 10mL 0.2% 的硝酸溶液，然后分别加入 0.00mL、1.00mL、2.00mL、3.00mL、4.00mL 铅标准中间液（$1.00mg \cdot L^{-1}$），用超纯水稀释至刻度，摇匀，该系列溶液中铅的浓度分别为 $0\mu g \cdot L^{-1}$、$10\mu g \cdot L^{-1}$、$20\mu g \cdot L^{-1}$、$30\mu g \cdot L^{-1}$、$40\mu g \cdot L^{-1}$。

3. 仪器操作

石墨炉原子吸收分光光度计设置条件见表 6-2。

表 6-2　石墨炉原子吸收分光光度计设置条件

元素名称	波长/nm	狭缝/nm	灯电流/mA	干燥温度/时间 /℃·s^{-1}	灰化温度/时间 /℃·s^{-1}	原子化温度/时间 /℃·s^{-1}	除残温度/时间 /℃·s^{-1}
Pb	283.3	0.5	8～12	85～120 40～50	800 20～30	2100 3～4	2500 3

（1）打开石墨炉冷却水和保护气（Ar），调节氩气压力到 0.24MPa，打开石墨炉电源开关，启动计算机和原子吸收光度计，调节相应实验参数，预热仪器 20min。

（2）启动"AAvin"软件后点击"操作"下拉菜单的"编辑分析方法"，选择"石墨炉原子吸收"后继续选择元素为铅，点击"确定"，在弹出的界面中，注意选择元素灯位和铅灯在仪器上的位置要一致，按表 6-2 实验条件设置好对应的实验参数，并按需要设置好其余的实验条件。

（3）点击"新建"菜单，选择刚刚创建的文件，联机。在弹出的仪器控制界面中，点击自动增益后尝试点击短、长、上、下，看主光束值，调节主光束值，如果超出 140%，则点击一下自动增益，然后继续调节，直至最大后点击"完成"。调节石墨管位置（按上、下、前、后调节吸光度值至最大）。

（4）调节完毕即可进行实验，先调零，然后按表 6-2 中的石墨炉升温程序实验条件测试。

4. 测量

测量前先空烧石墨管调零，然后从稀至浓逐个测量溶液，每次进样量为 $50\mu L$，每个溶液测定 3 次，取平均值。

5. 结束

实验结束，退出主程序，关闭原子吸收分光光度计和石墨炉电源开关，关好气源和电源，关闭计算机。

【数据处理】

1. 记录实验条件。

2. 列表记录测量的铅标准溶液的吸光度，然后以吸光度为纵坐标、铅标准溶液浓度为横坐标绘制工作曲线。

3. 记录水样的吸光度，根据工作曲线计算水样中铅的含量或者直接通过计算机计算实验结果。

【注意事项】

1. 打开仪器之前，先打开氩气。

2. 请勿擅自拆卸石墨管。

3. 测试人员应在主机关机后再离开实验室。

【思考题】

1. 石墨炉原子吸收光谱法和火焰原子吸收光谱法有什么不同？

2. 测试过程中，氩气的作用是什么？

3. 原子吸收分光光度法为何要用待测元素的空心阴极灯作为光源？能否用氘灯或钨灯代替，为什么？

第7章
原子荧光光谱分析法

原子荧光光谱分析法（atomic fluorescence spectrometry，AFS）简称为原子荧光光谱法，是 20 世纪 60 年代中期发展起来的光谱分析技术。它结合了原子吸收光谱和原子发射光谱的一些优势，并克服了某些方面的缺点，具有分析灵敏度高、干扰少、线性范围宽、可多元素同时分析等特点，是一种优良的痕量分析技术。

7.1 基本原理

原子荧光光谱法从机理看来属于发射光谱分析，通过测量待测元素的原子蒸气在辐射能激发下产生的荧光发射强度，来确定待测元素含量。即气态自由原子吸收特定波长的光辐射的能量，原子的外层电子从基态跃迁到较高的能级，受激原子在去激发回到基态或较低能级的过程中，以光辐射的形式发射出特征波长的荧光，称为原子荧光。原子荧光是光致发光，也是二次发光。

原子荧光可分为共振荧光与非共振荧光（图 7-1），其中以共振原子荧光最强，在分析中应用最广。共振荧光是所发射的荧光和吸收的辐射波长相同。只有当基态是单一态，不存在中间能级，才能产生共振荧光。非共振荧光是激发态原子发射的荧光波长和吸收的辐射波长不相同。非共振荧光又可分为直跃线荧光、阶跃线荧光和反斯托克斯荧光。

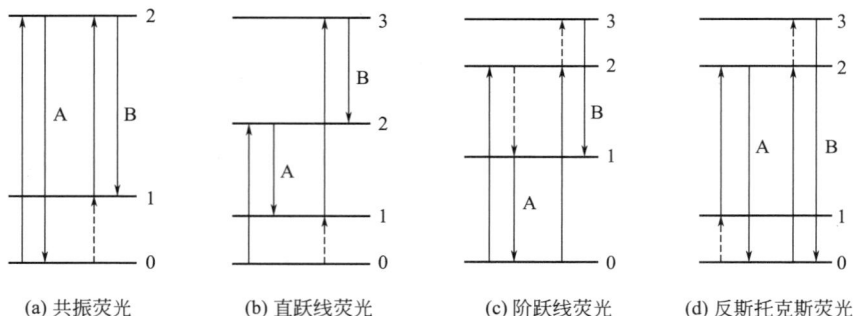

(a) 共振荧光　　(b) 直跃线荧光　　(c) 阶跃线荧光　　(d) 反斯托克斯荧光

图 7-1　原子荧光的类型

在一定条件下，共振荧光强度与样品中某元素浓度成正比。

$$I_f = Kc \tag{7-1}$$

式中，I_f 为荧光强度；K 为一常数。式（7-1）即为原子荧光定量分析的基础。

7.2 原子荧光光度计

原子荧光光度计分为色散型和非色散型，这两种结构相似，不同于单色器，主要组成包括光源、原子化器、单色器（色散型的仪器有）、检测器、放大器和读出装置。其结构与原子吸收分光光度计基本相同。为了避免发射光谱干扰检测荧光信号，激发光源和检测器设计为直角装置。其示意图见图7-2。

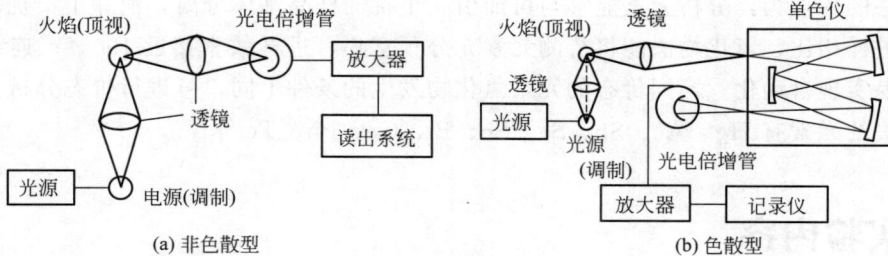

图 7-2　原子荧光光度计示意图

7.2.1　光源

可用连续光源或锐线光源。常用的连续光源是氙弧灯，常用的锐线光源是高强度空心阴极灯、无极放电灯、激光等。连续光源稳定，操作简便，寿命长，能用于多元素同时分析，但检出限较差。锐线光源辐射强度高，稳定，可得到更好的检出限。最常采用的是高强度空心阴极灯，该空心阴极灯纯度高、不自吸、发光稳定、无光谱干扰、寿命长。

高强度空心阴极灯是一种特殊的低压放电光源，在阴阳两极之间加以 300～500V 的电压，这样两极之间形成一个电场，电子在电场中运动，并与周围的惰性气体分子发生碰撞，使这些惰性气体电离。气体中的正离子高速移向阴极，阴极在高速离子碰撞的过程中溅射出阴极元素的基态原子，这些基态原子与周围的离子发生碰撞被激发到激发态，这些被激发的高能态原子在返回基态的过程中会发射出该元素的特征谱线。

7.2.2　原子化器

原子化器是将被测元素转化为原子蒸气的装置，可分为火焰原子化器和电热原子化器。火焰原子化器是利用火焰使元素的化合物分解并生成原子蒸气的装置。所用的火焰为空气-乙炔焰、氩-氢焰等。用氩气稀释加热火焰，可以减少火焰中其他粒子，从而减少荧光猝灭现象。电热原子化器是利用电能来产生原子蒸气的装置。

7.2.3　色散系统

色散系统（单色器）的作用是充分利用激发光源的能量和接收有用的荧光信号，减少和除去杂散光。色散型荧光仪用光栅，非色散型荧光仪用滤光器（因其荧光光谱简单）。

7.2.4 检测器

色散型荧光仪用光电倍增管；非色散型荧光仪用日盲光电管。检测器应与激发光束呈直角配置，以避免激发光源对检测原子荧光信号的影响。

荧光光度计从方法上分为氢化法原子荧光光度计与火焰法原子荧光光度计，目前最常用的是氢化法原子荧光光度计。

氢化法原子荧光光度计通过氢化物发生（或蒸气发生）的方式，将含被测元素的气态共价氢化物或气态组分由载气（氩气）导入原子化器，并在氩-氢火焰中原子化后进行检测，这种方法叫作氢化物原子荧光光谱法，简称为氢化物法，常用硼氢化钾-酸作为氢化物发生体系。该法的优点为：分析元素能够与可能引起干扰的样品基体分离，消除了干扰；与溶液直接喷雾进样相比，氢化物法能将待测元素充分预富集，进样效率接近 100%；连续氢化物发生装置易实现自动化；不同价态的元素氢化物发生的条件不同，可进行价态分析。目前适用于该方法的元素有 Hg、As、Sb、Se、Sn、Bi、Ge、Pb、Te 等。

7.3 实验内容

实验十七　原子荧光光谱法同测定自来水中总砷和总汞

【实验目的】

1. 了解原子荧光光度计的基本结构和原理。
2. 学习掌握原子荧光光度计的基本操作。
3. 了解原子荧光光谱法在水质分析中的应用。

【实验原理】

酸化后的水中加入适量的硫脲-抗坏血酸，硫脲-抗坏血酸能把五价砷预还原为三价砷。在酸性介质中，硼氢化钾把汞还原成原子态汞，砷还原成砷化氢，由氩气载入石英原子化器，在特制的砷、汞空心阴极灯的发射光激发下产生原子荧光，产生的荧光强度分别与砷、汞的含量成正比，与标准系列相比较，即可求得样品自来水中砷、汞的含量。

本方法所用玻璃仪器均需以硝酸（1＋5）浸泡过夜，用水反复冲洗，最后用纯水冲洗干净。

【仪器与试剂】

1. 仪器

原子荧光光谱仪（北京吉天 AFS9230 原子荧光光度计），高能量砷、汞空心阴极灯，氩气钢瓶，电子天平，量筒，容量瓶等。

2. 试剂

硝酸（优级纯），盐酸（优级纯），氢氧化钾（优级纯），硼氢化钾溶液（分析纯），硫脲（分析纯），抗坏血酸（优级纯），载液（5%的盐酸溶液），还原剂（0.5%的氢氧化钾溶液＋1%硼氢化钾溶液），10%硫脲溶液＋10%抗坏血酸混合溶液，砷标准贮备溶液（100μg・

mL^{-1}），汞标准贮备溶液（$100\mu g \cdot mL^{-1}$），砷标准工作溶液（$1\mu g \cdot mL^{-1}$），汞标准工作溶液（$100ng \cdot mL^{-1}$），去离子水。

【实验步骤】

1. 待测液制备

吸取自来水 5mL 于 50mL 容量瓶中，加入 5mL 硫脲＋抗坏血酸溶液，用 5％（体积分数）盐酸溶液定容至刻度，摇匀待测。

2. 标准溶液的配制

砷和汞混合工作曲线的绘制。分别吸取 $1\mu g \cdot mL^{-1}$ 的砷标准工作溶液 1.0mL，吸取 $100\mu g \cdot mL^{-1}$ 的汞标准工作溶液 1.0mL 于 100mL 的容量瓶中，加入 10mL 硫脲＋抗坏血酸溶液，用 5％的盐酸溶液定容，混匀。由原子荧光光谱仪自动稀释功能配成浓度为：砷 $0.00\mu g \cdot mL^{-1}$、$1.00\mu g \cdot mL^{-1}$、$2.00\mu g \cdot mL^{-1}$、$4.00\mu g \cdot mL^{-1}$、$8.00\mu g \cdot mL^{-1}$、$10.00\mu g \cdot mL^{-1}$；汞 $0.00\mu g \cdot mL^{-1}$、$0.20\mu g \cdot mL^{-1}$、$0.40\mu g \cdot mL^{-1}$、$0.60\mu g \cdot mL^{-1}$、$0.8\mu g \cdot mL^{-1}$、$1.00\mu g \cdot mL^{-1}$ 的工作曲线。

3. 测定

打开仪器，预热 30min 后，设定参数：负高压 270V；砷灯电流 60mA；汞灯电流 30mA；延迟时间 0.5min；原子化高度 9mm；原子化温度 200℃。以 5％盐酸溶液为载流，用 1％的硼氢化钾溶液＋0.5％的氢氧化钾溶液为还原剂，依次测定曲线空白、标准曲线、样品空白和试样的荧光强度，记下数据。

4. 关机

测试结束，点击清洗程序，依次用 5％硝酸和超纯水清洗管路，熄火，关闭软件，关仪器主机，关氩气，松开泵压块，关电脑。

【数据处理】

1. 以总砷、总汞浓度为横坐标，荧光强度为纵坐标，绘制标准曲线，并计算标准曲线方程和相关系数。

2. 求出自来水中总砷、总汞含量。测定自来水中总砷、总汞的荧光强度值，然后在上述标准曲线上分别查得相应总砷、总汞的浓度含量。

【注意事项】

1. 在开启仪器前，一定要注意开启载气（氩气）。

2. 一定注意各泵管无泄漏，定期向泵管和压块间滴加硅油。

3. 使用前注意水封中是否有水，没有的话则用洗瓶加入。

4. 测量过程中注意观察排废泵块是否压好，废液是否顺畅排出。

5. 在测试结束后，应将两个吸液管放入去离子水的烧杯中，蠕动泵继续运行，清洗管道，关闭氩气，关闭仪器，打开压块，放松泵管。

6. 砷、汞的检测属于痕量分析，要求整个实验空白要低，实验中要严格控制污染。

【思考题】

1. 简述原子荧光光谱仪的原理和结构？

2. 0.5％的氢氧化钾溶液＋1％硼氢化钾溶液的作用是什么？

实验十八　原子荧光光谱法测定食品中的硒

【实验目的】

1. 了解原子荧光光度计仪器的基本结构和原理。
2. 学会原子荧光光度计的操作技术。
3. 了解食品中硒的测定意义。
4. 学会湿法消化样品的操作。

【实验原理】

试样经酸消化，在 $6mol \cdot L^{-1}$ 的盐酸介质中将六价硒还原为四价硒，利用硼氢化钠作为还原剂，在盐酸介质中将四价硒还原成硒化氢（SeH_2），由载气带入原子化器中进行原子化，在硒特制空心阴极灯照射下，基态硒原子被激发至高能态，再去活化回到基态时，发射出特征波长的荧光，其荧光强度与硒含量成正比，与标准溶液系列比较，从而计算得到硒在食品中的含量。

【仪器与试剂】

1. 仪器：原子荧光光谱仪（北京吉天，AFS 9230 原子荧光光度计），高能量硒空心阴极灯，微波消解仪，氩气钢瓶，电子天平，量筒，容量瓶，玻璃珠，表面皿等。

2. 试剂：硝酸（优级纯），盐酸（优级纯），氢氧化钠（$5g \cdot L^{-1}$，优级纯），硼氢化钠溶液（$10g \cdot L^{-1}$），铁氰化钾溶液（$100g \cdot L^{-1}$），硒标准储备液（$100\mu g \cdot mL^{-1}$，光谱纯），盐酸（$6mol \cdot L^{-1}$），混合酸（将硝酸与高氯酸按 9:1 体积混合），水（去离子水），高氯酸，市售食品。

【实验步骤】

1. 溶液的配制

（1）硒标准储备液制备（$100\mu g \cdot mL^{-1}$）：称取 0.100g 高纯硒粉于 1000mL 容量瓶中，溶于少量硝酸中，加入 2mL 高氯酸，置沸水浴中加热 3~4h 冷却后再加 8.4mL 盐酸，再置沸水浴中煮 2min，用去离子水准确稀释至 1000mL，摇匀。

（2）硒标准使用液制备：取 $100\mu g \cdot mL^{-1}$ 硒标准储备液 1.0mL，定容至 100mL，摇匀备用。

（3）硼氢化钠溶液（$8g \cdot L^{-1}$）制备：称取 8.0g 硼氢化钠（$NaBH_4$），溶于氢氧化钠溶液（$5g \cdot L^{-1}$）中，然后定容至 1000mL。

（4）铁氰化钾溶液（$100g \cdot L^{-1}$）制备：称取 10.0g 铁氰化钾 $[K_3Fe(CN)_6]$，溶于 100mL 容量瓶中，摇匀。

2. 试样制备

在采样和制备过程中，应注意不使试样污染。

① 固体试样：粉碎，混匀，储于塑料瓶内，备用。

② 液体试样：混匀，备用。

3. 试样消解

电热板加热消解：称取 0.5～2g（精确至 0.001g）试样，液体试样吸取 1.00～10.00mL 置于烧杯中，加 10.0mL 混合酸及几粒玻璃珠，盖上表面皿冷消化过夜。次日于电热板上加热，并及时补加硝酸。当溶液变为清亮无色并伴有白烟时，再继续加热至剩余体积 2mL 左右，切不可蒸干。冷却，再加 5.0mL 盐酸（6mol·L^{-1}），继续加热至溶液变为清亮无色并伴有白烟出现，将六价硒还原成四价硒。冷却，转移至 50mL 容量瓶中定容，混匀备用。同时做空白试验。

4. 标准溶液的配制

分别取 0.0mL、0.1mL、0.2mL、0.3mL、0.4mL、0.5mL 标准使用液于 25mL 比色管中，分别加 6mol·L^{-1} 盐酸 4mL，铁氰化钾 1mL，混匀，用去离子水定容至 25mL，待测。

5. 待测液制备

移取 10.0mL 待测液于 25mL 比色管中，再分别加 6mol·L^{-1} 盐酸 4mL，铁氰化钾 1mL，用去离子水稀释至刻度，摇匀，待测。

6. 测定

打开仪器，预热 30min 后，设定参数，依次将标准溶液和待测液按照浓度由低到高的顺序测定其荧光强度，记下数据。

【数据处理】

1. 以硒浓度为横坐标，荧光强度为纵坐标，绘制标准曲线。

2. 求出待测液中硒含量。

【注意事项】

1. 测硒一般要求酸度高一些，5%～20%的盐酸。硒有四价硒和六价硒，仪器只能测四价硒，高酸度能快速把六价硒还原成四价硒。

2. 在配制硒标准储备液浓度时，要严格要求采用硝酸溶样，因盐酸的挥发会造成硒的损失。

3. 硼氢化钾是强还原剂，使用时注意勿接触皮肤和眼睛。

4. 锥形瓶、容量瓶等玻璃器皿均应及时使用 20%稀硝酸浸泡，清洗后，用去离子水润洗干净后使用，防止污染。

【思考题】

1. 简述原子荧光光谱仪中空心阴极灯的工作原理。

2. 原子化高度对检出信号有何影响？

第8章
电位分析法

8.1 基本原理

电位分析法是通过在零电流条件下，利用电极电位与浓度的关系来测定物质浓度的分析方法。通常是使待测对象组成一个化学电池，通过测量电池的电位、电流、电导等物理量，来实现对待测物质的分析。如以参比电极为负极，指示电极为正极组成电池：

（-）参比电极‖试液|指示电极（+）

其电池电动势为：

$$E（电池）＝\varphi（指示）-\varphi（参比）+\varphi（液接） \tag{8-1}$$

式中，φ（指示）为指示电极的电极电位；φ（参比）为参比电极的电极电位；φ（液接）为液接电位。指示电极的电极电位与电极活性物质的活度之间的关系符合 Nernst 方程式：

$$\varphi（指示）＝K\pm\frac{2.303RT}{nF}\lg a \tag{8-2}$$

"$\pm$"号视阳、阴离子而定。将式(8-2)代入式(8-1)，在参比电极电位及液接电位保持不变的情况下，从而得到电池电动势与电极活性物质活度的关系式：

$$E（电池）＝K'\pm\frac{2.303RT}{nF}\lg a \tag{8-3}$$

电位分析法具有以下的特点。

（1）简单、快速，测定的离子浓度范围宽。

（2）可以制作成传感器，用于工业生产流程或环境监测的自动检测；可以微型化，做成微电极，用于微区、血液、活体、细胞等的分析。

（3）应用范围广，可用于许多阴离子、阳离子、有机物离子、生物物质等的测定。由于测定的是离子的活度，还可以用于化学平衡、动力学、电化学理论的研究及热力学常数的测定。

8.2 仪器结构

电位分析法可分成两类：直接电位法和电位滴定法。直接电位法也称离子选择性电极法，通过测定待测溶液的电池电动势，根据电池电动势与被测离子活度（或浓度）间的函数关系，利用 Nernst（能斯特）方程直接计算得出待测离子活度（或浓度）。电位滴定法是利用在滴定过程中电池电动势或电极电位的变化来确定滴定终点，从而间接计算得出待测离子活度（或浓度）的方法。

8.2.1 直接电位法

直接电位法利用专用离子选择性电极将被测离子的活度转化为电极电位后进行测定，具有选择性好、灵敏度高，测定时不受试样颜色、悬浮物、浑浊的影响，而且仪器设备简单、操作简便、分析速度快、易于实现现场自动连续监测，对于一些低价离子，特别是阴离子的测定具有明显的优势。直接电位法广泛地应用于环境、食品、医药、生化、冶金、地质等领域，如测定土壤、饮料、果蔬、植物组织等样品中的 pH；测定土壤、牙膏、饮用水、电镀液等样品中的 F^-；测定工业废水中的 Ag^+、Ca^{2+}、Hg^{2+}、Cu^{2+}、F^-、Cl^-、Br^- 等。

用于电位分析法的指示电极种类很多，但基本结构相同，由敏感膜、内参比溶液和内参比电极构成，见图 8-1。电极的敏感膜是电极的关键部件，固定在电极管的顶端，将内部参比溶液与外部的待测离子溶液分开。管内为内参比溶液和内参比电极，一般选用含有敏感膜响应离子的强电解质和氯化物溶液作内参比溶液，如 Ag-AgCl 作内参比电极。由于敏感膜都具有很高的电阻，因此，这类仪器需要很高的输入阻抗，仪器的输入阻抗越大，仪器的精密度越高。

（1）直接电位法最常用的仪器是 pH 计，pH 计主要结构包括：主机、pH 复合电极（图 8-2）、多功能电极架和三芯电源线。pH 玻璃电极的核心部位是玻璃敏感膜，可以是球状，也可以是平板或锥状，膜厚度约为 $0.05 \sim 0.1\text{mm}$。pH 计除用 pH 和 mV 挡直接测量外，也可用于离子选择性电极及电位滴定测定。

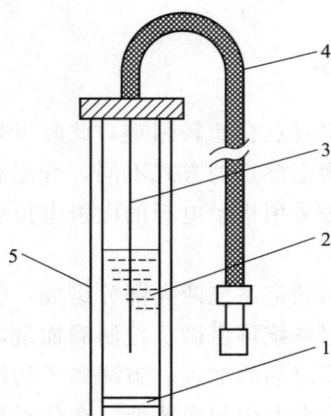

图 8-1 离子选择性电极基本结构图
1—敏感膜；2—内参比溶液；3—内参比电极；
4—带屏蔽导线；5—电极杆

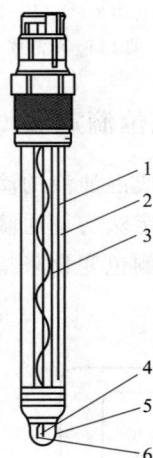

图 8-2 pH 复合电极
1—Ag/AgCl 电极；2—内参比溶液 KCl；
3—Ag/AgCl 电极；4—PTFE 隔膜；
5—玻璃敏感膜；6—温度传感器

（2）氟离子选择性电极属于晶体膜电极，其敏感膜为掺有 EuF_3 的 LaF_3 单晶膜。氟电极的电极构造如图 8-3 所示。单晶膜封在聚四氟乙烯管中，管中装 $0.1\text{mol} \cdot \text{L}^{-1}$ NaCl 和

$0.01 \sim 0.1 \text{mol} \cdot \text{L}^{-1}$ NaF 混合溶液作为内参比溶液，Ag-AgCl 作为内参比电极，氟离子可在氟化镧单晶膜中移动。将电极插入待测离子溶液中，待测离子吸附在膜表面，可与膜上相同离子发生交换，并通过扩散进入膜相。而膜相中存在的晶格缺陷产生的离子也可扩散进入溶液相。把 LaF_3 晶体膜改为 AgCl、AgBr、AgI、PbS、CuS 等难溶盐，与 Ag_2S 压片制成薄膜作为电极材料，制成的电极可作为卤素离子、银离子、铅离子、铜离子等各种离子的选择性电极。

（3）气敏电极是一种气体传感器，是 20 世纪 70 年代发展起来的一种新型离子选择性电极，属于复合膜电极，常用于测定溶解于水中的 NH_3、SO_2、NO_2、CO_2 等气体的含量。气敏电极的构造见图 8-4。

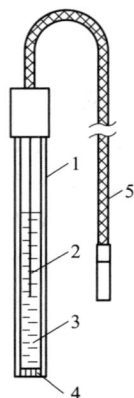
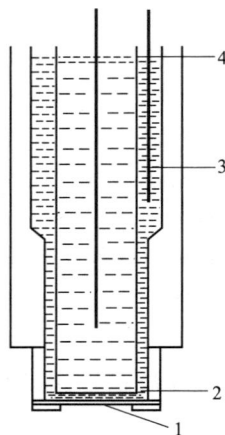

图 8-3　氟离子选择性电极的结构
1—塑料管；2—Ag-AgCl 内参比电极；
3—内参比溶液（NaF＋NaCl）；
4—掺 EuF_3 的 LaF_3 单晶膜；5—引线

图 8-4　气敏电极的构造
1—气体渗透膜；2—中介溶液；
3—参比电极；4—指示电极

8.2.2　电位滴定法

在进行有色或混浊液的滴定时，使用指示剂确定滴定终点会比较困难，此时可采用电位滴定法。电位滴定法与普通滴定分析法的区别在于指示滴定终点的方式不同，普通滴定分析法通过指示剂的颜色变化来指示滴定终点，而电位滴定法采用指示电极的电极电位变化来确定滴定终点。

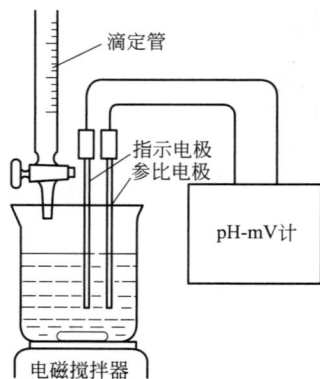

图 8-5　电位滴定法的基本装置

电位滴定装置由电极和滴定系统两大部分组成，电极包括指示电极和参比电极，滴定系统可由微机控制滴加量，自动滴定。在滴定过程中，随着滴定剂的加入，被测离子的浓度不断发生变化，指示电极的电位也发生相应改变。在化学计量点附近，离子浓度变化较大，引起电极电位的突跃。电位滴定法的装置见图 8-5，在被测溶液中指示电极和参比电极组成原电池，滴定剂通过滴定管或自动滴定仪加入，开启电磁搅拌器进行搅拌，每加入一定量的滴定剂后，测量一次电池电动势，记录测量数据，直到超过化学计量点为止。以测得的电池电动势对滴定剂加入的体积作图，绘制得到滴定曲线，由滴定曲线的突跃部分确定滴定的终点。

电位滴定法通常采用以下方法确定滴定终点。

（1）E-V 曲线法

以电位值 E 为纵坐标，以加入滴定体积 V 为横坐标，绘制 E-V 曲线，如图 8-6 所示，曲线的形状与化学分析中氧化还原滴定法的滴定曲线相似。曲线上的突跃为滴定终点。作两条与滴定曲线相切的平行直线，两平行线的等分线与曲线的交点为曲线的拐点，对应的体积即为滴定至终点时所需的体积。

（2）$\Delta E/\Delta V$-V 曲线法

根据实验数据计算 $\Delta E/\Delta V$，ΔV 是相邻两次滴入标准溶液的体积差，ΔE 是相对应的两次电池电动势差，与 $\Delta E/\Delta V$ 相应的 V 是相邻两次滴入标准溶液体积的平均值，见图 8-7。

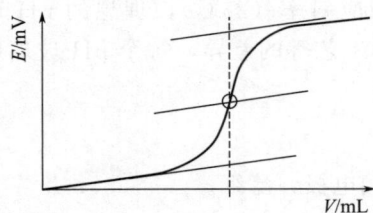

图 8-6 E-V 曲线法

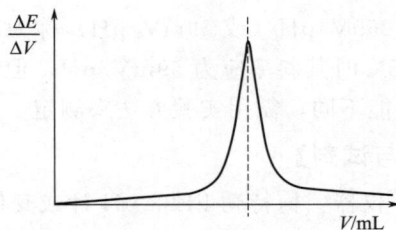

图 8-7 $\Delta E/\Delta V$-V 曲线法

（3）$\Delta^2 E/\Delta V^2$-V 曲线法

$\Delta E/\Delta V$-V 曲线的最高点处的体积即二阶微商 $\Delta^2 E/\Delta V^2 = 0$ 所对应的体积，以二阶微商值为纵坐标，以加入滴定剂的体积为横坐标作图，见图 8-8。

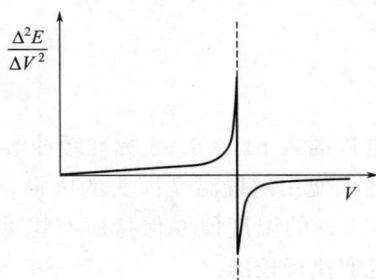

图 8-8 $\Delta^2 E/\Delta V^2$-V 曲线法

8.3 实验内容

实验十九 响应斜率及碳酸饮料pH值的测定

【实验目的】

1. 理解 pH 计测定溶液 pH 值的原理。
2. 掌握 pH 计测定溶液 pH 值的方法。

【实验原理】

pH 值测定受溶液温度影响而变化，测定时应在规定的温度下进行，或校正温度。通常采用玻璃电极法和比色法测定 pH 值。比色法简便，但受色度、浊度、胶体物质、氧化剂、还原剂及盐度的干扰。玻璃电极法基本上不受以上因素的干扰，然而在 pH > 10 或盐分高的情况下，会产生"钠差"，读数偏低，需选用特制的"低钠差"玻璃电极，在 pH < 1 的强酸性溶液或高盐度溶液的情况下，会产生酸差，可使用与水样的 pH 值相近的标准缓冲溶液对仪器进行校正。

进行 pH 测定时，使用如下电池作测量体系：

$$pH \text{ 玻璃电极} | \text{试液} \| SCE$$

由：
$$\left. \begin{aligned} E_{\text{电池}} &= E_{\text{SCE}} - E_{\text{玻}} + E_{\text{液接}} \\ E_{\text{玻}} &= k - 0.059 \text{VpH} \end{aligned} \right\} \Rightarrow E_{\text{电池}} = k + 0.059 \text{VpH}(25℃) \tag{8-4}$$

0.059V/pH（或 59mV/pH）称为 pH 玻璃电极响应斜率（25℃），理想的 pH 玻璃电极在 25℃时其斜率应为 59mV/pH，但实际上由于制作工艺等的差异，每个 pH 玻璃电极的斜率可能不同，需用实验方法来测定。

【仪器与试剂】

1. 仪器：梅特勒 FE28 pH 计或其他型号，pH 玻璃电极，滤纸。

2. 试剂：$0.05 \text{mol} \cdot \text{L}^{-1}$ 邻苯二甲酸氢钾溶液（pH = 4.00，25℃），$0.05 \text{mol} \cdot \text{L}^{-1}$ Na_2HPO_4 + $0.05 \text{mol} \cdot \text{L}^{-1}$ KH_2PO_4 混合溶液（pH = 6.86，25℃），市售碳酸饮料。

【实验步骤】

1. 开机

连接好复合玻璃电极，打开 pH 计电源开关，预热 30min。

2. 酸度计的标定（两点法）

（1）选择 pH 挡。

（2）设定温度补偿。

（3）把用蒸馏水清洗过的电极插入 pH = 6.86 标准缓冲溶液中。

（4）为获得更高准确性，建议使用内置温度探头的电极，或搭配使用单独的温度探头。如果使用 MTC 模式，则应输入正确的温度值并保持所有缓冲液和样品溶液处于设定温度。为确保最准确的 pH 读数，应定期执行校准。

（5）将电极放入校准缓冲液中，按"Cal"键，根据终点方式不同，当信号稳定（自动终点方式）或按下 Read（手动终点方式）时仪器停止测量，当屏幕显示已识别缓冲液在当前温度下的 pH 值时表示标定 1 校准结束。

（6）用去离子水清洗电极，用滤纸吸干，再插入 pH = 4.00 的标准缓冲溶液中。

（7）再按"Cal"键，仪器进入"标定 2"工作状态，仪器显示"标定 2"以及当前的 pH 值和温度。

（8）当显示屏上的 pH 读数趋于稳定后，按"Read"键，完成 2 点校准。

3. pH 玻璃电极响应斜率的测定

把选择开关旋钮调到 mV 挡，将电极插入 pH = 4.00 的标准缓冲溶液中，摇动烧杯，使溶液均匀，在显示屏上读出溶液的 mV 值，依次测定 pH = 6.86、pH = 9.18 标准缓冲溶液的 mV 值。

4. 碳酸饮料 pH 值的测定

用蒸馏水冲洗电极 3～5 次，用滤纸吸干，然后将电极放入碳酸饮料中，等 pH 值稳定后读数，重复测定 3 次，记录实验数据。测定完毕，清洗干净电极，把电极浸泡在蒸馏水中。

【数据处理】

1. pH 玻璃电极响应斜率的测定

作 E-pH 值图，求出直线斜率即为该玻璃电极的响应斜率。若偏离 59mV/pH 太多，则该电极不能使用。

2. 记录碳酸饮料的 pH 值，并求平均值。

【注意事项】

1. 仪器安装时，注意切勿使球泡与硬物接触，防止触及杯底而损害球泡。

2. 仪器校正时，选用 pH 值与碳酸饮料 pH 值接近的标准缓冲溶液校正 pH 计（又叫定位），并保持溶液温度恒定，以减少由于液接电位、不对称电位及温度变化等而引起的误差。

3. 样品测定时，条件应与校正时保持一致，且注意磁力搅拌子要与电极的球泡部分保持一定的距离，搅拌速度不要过快，以免打坏电极。

【思考题】

1. 从原理上解释 pH 计在使用前为什么要校正？

2. 一种缓冲溶液是一个共轭酸碱的混合物，那么为什么邻苯二甲酸氢钾、四硼酸钠、二草酸三氢钾等可作为缓冲溶液？

实验二十　氯离子的自动电位滴定

【实验目的】

1. 了解电位滴定的原理及终点判断方法。

2. 熟悉自动电位滴定仪的原理和使用方法。

【实验原理】

用电位滴定法测定氯，通常采用 $AgNO_3$ 溶液为滴定剂，以银电极为指示电极，以饱和甘汞电极为参比电极，滴定反应为：$Ag^+ + Cl^- \rightleftharpoons AgCl$。

在滴定过程中，Cl^- 的浓度发生变化，引起电极电位发生相应的变化，而在化学计量点时电位的变化发生突跃，指示终点的到达。通过测量一系列电位值 E 和滴定体积 V 的数值，绘制出 E-V、$\Delta E/\Delta V$-V 或 $\Delta^2 E/\Delta V^2$-V 曲线，从而求得终点电位，然后设定终点电位，开始进行自动电位滴定。

【仪器与试剂】

1. 仪器：ZD-2 型数显式自动电位滴定分析仪，Ag 电极（指示电极），饱和甘汞电极（参比电极），移液管，烧杯。

2. 试剂：$0.0500 mol \cdot L^{-1}$ $AgNO_3$ 标准溶液，$0.0500 mol \cdot L^{-1}$ NaCl 标准溶液，20% 柠檬酸钠溶液。

【实验步骤】

1. 绘制电位滴定曲线、求出终点电位

按要求连接好仪器线路，在电极架上装好电极，银电极接"正极"，甘汞电极接"负极"。用移液管吸取 $0.0500\text{mol} \cdot \text{L}^{-1}$ NaCl 溶液 10.00mL 于 150mL 烧杯中，加 90.00mL 水，调节电位零点，把电极插入溶液中，记录初始电位，把"工作开关"拨向"手动"，手动操作滴定速度，滴定管中装入 $0.0500\text{mol} \cdot \text{L}^{-1}$ $AgNO_3$。开始滴定时，每次可加滴定液 1.00mL。当到达化学计量点前的 0.50mL 时，每次加入 0.10mL；过了化学计量点后，每次可加入 1.00mL，直至加到 15.00mL。根据测得的 E 和 V 数据，绘制 $E\text{-}V$、$\Delta E/\Delta V\text{-}V$ 或 $\Delta^2 E/\Delta V^2\text{-}V$ 曲线，用二阶微商求出终点电位。

2. 试样测定

用移液管移取试液 10.00mL 于 150mL 烧杯中，加入 20% 柠檬酸钠溶液 10mL 及水 80mL，滴定管内装入 $0.0500\text{mol} \cdot \text{L}^{-1}$ $AgNO_3$ 标液，把"预控开关"和终点电位调节到预定的数值，工作开关拨向"控制"，进行自动电位滴定，求出每升试液中含氯的质量。

【数据处理】

1. 绘制标准曲线，求出终点电位。
2. 分析待测样品的测定结果。

【思考题】

1. 写出测量电池的表示式。
2. 如以 Cl^- 来滴定 Ag^+，滴定曲线的形状将发生什么变化？化学计量点的电位呢？

实验二十一　自动电位滴定法测定果汁中的可滴定酸

【实验目的】

1. 了解自动电位滴定法原理。
2. 掌握自动电位滴定的基本操作和滴定终点的计算方法。

【实验原理】

电位滴定法是在滴定过程中根据指示电位与参比电极的电位差或溶液 pH 值的突跃来确定终点的方法。在酸碱电位滴定过程中，随着滴定剂的不断加入，被测物与滴定剂发生反应，溶液 pH 值不断变化，从而确定滴定终点。

常用的确定滴定终点的方法有以下三种。

（1）pH-V 曲线法：以滴定剂用量 V 为横坐标，以 pH 值为纵坐标，绘制 pH-V 曲线。作两条与滴定曲线相切的直线，等分线与直线的交点即为滴定终点。

（2）$\Delta\text{pH}/\Delta V\text{-}V$ 曲线法：$\Delta\text{pH}/\Delta V$ 代表 pH 变化值的一阶微商与对应的加入滴定剂体积的增量（ΔV）的比。$\Delta\text{pH}/\Delta V\text{-}V$ 曲线的最高点即为滴定终点。

（3）二阶微商法绘制 $\Delta^2\text{pH}/\Delta V^2\text{-}V$ 曲线：以二阶微商值为纵坐标，加入滴定剂的体积为横坐标作图。$\Delta\text{pH}/\Delta V\text{-}V$ 曲线的最高点，即是 $\Delta^2\text{pH}/\Delta V^2 = 0$ 所对应的体积，就是滴定终点。该法也可不经绘图而直接由内插法确定滴定终点。

【仪器与试剂】

1. 仪器：ZD-2 型数显式自动电位滴定分析仪，pH 玻璃电极，烧杯，pH 复合电极，磁力搅拌器。

2. 试剂：NaOH（0.1000mol·L^{-1}）标准溶液，果汁。

【实验步骤】

准确移取果汁 10.00mL 于小烧杯中，加入 40.00mL 蒸馏水，放置于仪器滴定台上，插入 pH 复合电极，开启磁力搅拌器，启动仪器，自动用 NaOH 标准溶液滴定样品溶液至终点。记录所消耗的 NaOH 体积，填入表 8-1 中。

表 8-1　可滴定酸滴定结果

V/mL	pH 值	ΔV	ΔpH	$\Delta pH/\Delta V$	$\Delta^2 pH/\Delta V^2$

果汁的可滴定酸度以每 100mL 中氢离子物质的量表示，按式（8-5）计算：

$$可滴定酸(mmol·100mL^{-1}) = \frac{cV_1}{V_0} \times 100 \tag{8-5}$$

式中，c 是氢氧化钠标准溶液浓度，mol·L^{-1}；V_1 是滴定时所消耗的氢氧化钠标准溶液的体积，mL；V_0 是滴定用的样液的体积，mL。

【数据处理】

1. 绘制 pH-V 和（$\Delta pH/\Delta V$）-V 曲线，分别确定滴定点 V_e（可由 Excel 软件作图）。

2. 用二阶微商由内插法确定终点 V_e。

3. ΔpH，ΔV，$\Delta pH/\Delta V$，$\Delta^2 pH/\Delta V^2$ 可用计算和编程处理。

【思考题】

1. 用电位滴定法确定终点与指示剂法相比有何优缺点？

2. 滴定终点时，反应终点的 pH 值是否等于 7？为什么？

实验二十二　电位滴定法测定酱油中的氨基酸总量

【实验目的】

1. 学习电位滴定法测定酱油中氨基酸总量的基本原理。

2. 了解电位滴定法确定酸碱滴定终点的原理。

3. 熟悉酸度计的使用。

【实验原理】

氨基酸含有酸性的—COOH 和碱性的—NH$_2$，它们相互作用使氨基酸成为中性的内盐。在 pH 为中性和常温条件下，甲醛能很快与氨基酸上的—NH$_2$ 结合，促进—NH$_2$ 上的氢离子释放出来，从而使溶液酸性增强，这样就可以用碱滴定—COOH，并间接测定氨基酸的含量。

本实验利用氨基酸的两性电解质作用，加入甲醛以固定氨基的碱性，使羧基显示出酸性，用氢氧化钠标准溶液滴定，以 pH 计判断和控制滴定终点。

【仪器与试剂】

1. 仪器：PHSJ-3F 型 pH 计，磁力搅拌器，复合玻璃电极，微量滴定管（10mL），碱式滴定管，烧杯，pH 复合电极。

2. 试剂：中性甲醛，0.05mol·L^{-1} 氢氧化钠标准溶液，邻苯二甲酸氢钾，标准缓冲溶液（pH=6.86、pH=4.00），普通酱油，氢氧化钠（分析纯），酚酞指示剂。

【实验步骤】

1. 仪器校正

开启 pH 计电源，预热 30min，连接复合电极。按照操作方法用 pH=6.86（25℃）和 pH=4.00（25℃）的缓冲溶液对 pH 计进行两点校正。

2. 样品处理

准确移取 5.00mL 酱油，用去离子水稀释定容至 100mL，摇匀，待测。

3. NaOH 标准溶液的配制和标定

快速称取 0.2g NaOH，置于烧杯中，加入 100mL 蒸馏水，充分搅拌溶解均匀。

准确称取 105～110℃烘干至恒重的邻苯二甲酸氢钾 0.2～0.3g，溶于 50mL 不含 CO_2 的去离子水中，滴入 2 滴酚酞指示剂，用碱式滴定管装满 NaOH 标准溶液滴定至微红色，30s 不褪色，即为终点，同时做空白试验，计算 NaOH 标准溶液的准确浓度。

4. 样品测定

准确移取 20.00mL 待测试样于 200mL 烧杯中，加入 60mL 蒸馏水，浸入 pH 复合电极，开启磁力搅拌器和 pH 计，待 pH 计读数稳定后，用标定好的 NaOH 标准溶液滴定至 pH=8.20，记录消耗 NaOH 标准溶液的体积，计算总酸含量。

5. 氨基酸的滴定

在上述滴定至 pH=8.20 的溶液中，准确加入 10.00mL 甲醛溶液，搅拌均匀后，用标定好的 NaOH 标准溶液继续滴定至 pH=9.20，记录消耗 NaOH 标准溶液的体积（V_1）。

6. 空白实验

用 20.00mL 纯水代替待测试样，其他步骤同上，做空白试验，记录消耗 NaOH 标准溶液的体积（V_2）。

【数据处理】

按下式计算被测酱油样品中氨基酸态氮含量：

$$氨基酸态氮(g·100mL^{-1}) = \frac{(V_1-V_2) \times c \times 0.014}{\frac{5}{100} \times 20} \times 100 \qquad (8\text{-}6)$$

式中，V_1 为测定样品在加入甲醛后滴定至终点（pH=9.20）所消耗 NaOH 标准溶液的体积，mL；V_2 为空白试验在加入甲醛后滴定至终点（pH=9.20）所消耗 NaOH 标准溶液的体积，mL；c 为 NaOH 标准溶液的浓度，mol·L^{-1}；0.014 为与 1.00mL NaOH 标准溶液（$c_{NaOH}=1.0000$mol·L^{-1}）相当的氮的质量，g。

【注意事项】

1. 本法快速准确，可用于各类食品中游离氨基酸含量的测定。
2. 对于浑浊和颜色深的样品可不经处理直接测定。
3. 检测结果的准确性与所使用的 pH 计密切相关。

【思考题】

1. 检测时为何要加入甲醛？选用何种玻璃仪器加甲醛？
2. 加入甲醛为什么可以固定氨基的碱性？
3. 根据结果，思考产生实验误差的因素有哪些？

第9章
伏安分析法

9.1 基本原理

伏安分析法（伏安法）是以测量电解过程中的电流-电位曲线为基础的电化学分析法。与电位分析法不同，伏安分析法是在一定的电位下对体系电流的测量。

极谱分析法（极谱法）是一种特殊条件下的电解分析法，是采用滴汞电极作为工作电极的伏安分析法。极谱分析是电化学分析的重要组成部分，可分为控制电位极谱法（如直流极谱法、单扫描极谱法、脉冲极谱法和溶出伏安法等）和控制电流极谱法（如交流示波极谱法和计时电位法等）两大类。极谱分析法不仅可用于痕量物质的测定，而且可用于研究化学反应机理及动力学过程，测定络合物组成及化学平衡常数等。

9.2 仪器结构

9.2.1 直流极谱法

直流极谱法也称恒电位极谱法，它包括测量电压、测量电流和极谱电解池三部分，其装置如图 9-1 所示。滴汞电极的上部为储汞瓶，下端通过塑料管接一毛细管，汞自毛细管中一滴滴有规则地滴落。电解池由滴汞电极和饱和甘汞电极组成，通常滴汞电极为负极，饱和甘汞电极为正极。将待测试液加入电解池中，在试液中加入大量的 KCl 等惰性电解质，通入 N_2 或 H_2 除氧后，使汞滴以每滴 $3\sim5s$ 的速度滴下，记下不同电压下相应的电流值。以电压为横坐标，电流为纵坐标作图，得电流-电压曲线（$i\text{-}E$ 曲线）。

由于直流极谱法（经典极谱法）分辨力低、灵敏度不高，而且完成一个极谱波需耗数百滴汞，但每滴汞寿命周期内加的直流电压速率缓慢，费汞又费时间。再者，因为使用的是两支电极，当溶液的 i_r 降低时，电解电流通过饱和甘汞电极时不可避免地会发生极化，从而导致半波电位的负移、总电解电流减小以及极谱波变形等。而采用三电极系统可以克服 i_r 降低等的影响，为了解决上述存在的问题，发展了一些新的极谱技术，即现代极谱法，其中应用广泛的有单扫描极谱法、脉冲极谱法、循环伏安法、溶出伏安法、极谱催化波以及络合物吸附波等。

9.2.2 单扫描极谱法

单扫描极谱法（single sweep polarography）又称线性变位示波极谱法。在含有被测物质的电解池中，插进两个电极，一个是滴汞电极，另一个是参比电极（如甘汞电极）。在一个汞滴生长的后期，当汞滴的面积（A）基本保持恒定的时候，施加一个矩形脉冲电压于两个电极上，电压扫描速率比直流极谱法快 50 倍以上，从而在一个汞滴上获得一张完整的极谱图，通过阴极射线示波器或专用微机观察电流随电位的变化。

由于施加在滴汞电极上的电位是时间的线性函数，所以，单扫描极谱法也称线性变位示波极谱法或线性扫描示波极谱法。在单扫描极谱中，对于电极反应可逆的物质，极谱图出现明显的尖峰状（图 9-2），如果电极反应不可逆，由于电极反应速率慢，则尖峰不明显，有时甚至不出波。

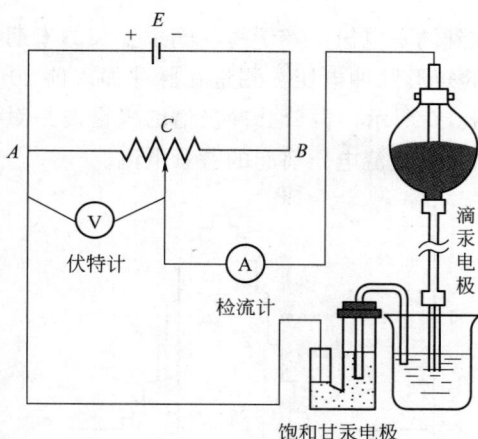

图 9-1 直流极谱法的基本装置和电路

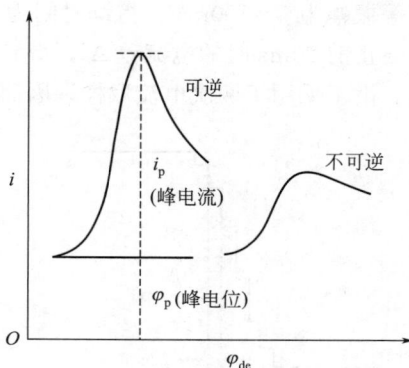

图 9-2 单扫描极谱图

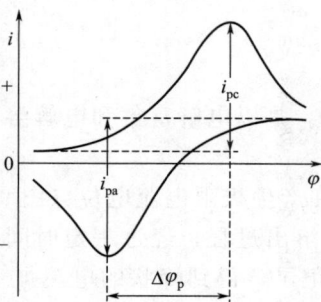

图 9-3 循环伏安特性曲线

9.2.3 循环伏安法

循环伏安法（cyclic voltammetry）是最重要的电分析化学方法之一，该法控制电极电势以不同的速率随时间以三角波形一次或多次反复扫描，使电极上交替发生不同的氧化还原反应，并记录电流-电势曲线。通过曲线形状可判断电极反应的可逆程度，无机、有机化合物电极过程的机理、电极反应动力学等。本法除了使用汞电极外，还可以用铂、金、玻璃碳、碳纤维微电极以及化学修饰电极等。

循环伏安法从起始的电位扫描到终止电位，再以同样的速度反方向扫至起始电位值，完成一次循环。当电位从正向扫描时，电活性物质在电极上发生还原反应，产生还原波，其峰电流为 i_{pc}，峰电位为 φ_{pc}（图 9-3）；当逆向扫描时，电极表面上的还原态物质发生氧化反应，其峰电流为 i_{pa}，峰电位为 φ_{pa}。若有需要，可以进行连续循环扫描。

9.2.4　脉冲极谱法

为克服经典极谱法中电容电流和毛细管噪声电流的影响，1960 年 Barker 提出了脉冲极谱法（pulse polarography），它具有灵敏度高、分辨力强等特点，是极谱法中灵敏度高的方法之一。

脉冲极谱是在滴汞生长后期的某一时刻，于线性变化的直流电压上叠加一个周期性的脉冲电压，脉冲持续的时间较长，并在脉冲电压单周期的后期记录电解电流。按照施加脉冲电压及记录电解电流的方式不同，脉冲极谱法分为常规脉冲极谱法（NPP）和微分（示差）脉冲极谱法（DPP）两种。

常规脉冲极谱法是在设定的直流电压上，在每一滴汞生长的后期，依次叠加一个振幅逐渐递增的矩形脉冲电压，脉冲宽度为 40～60ms。在每一个脉冲消失前 20ms，进行电流取样，测得的电解电流放大后记录，得到 i-φ 极谱图。所得的常规脉冲极谱波呈台阶形，与直流极谱波相似，如图 9-4 所示。

微分脉冲极谱法是把缓慢线性变化的直流电压加到滴汞电极上，于每一滴汞生长的末期叠加一个等振幅为 5～100mV、持续时间为 40～80ms 的矩形脉冲电压。测量在脉冲加入前 20ms 和脉冲终止前 20ms 时的电流差 Δi，得到极谱图如图 9-5 所示，微分脉冲极谱的极谱波是对称的峰状。由于采用了两次电流取样，因而能很好地扣除因直流电压引起的背景电流。

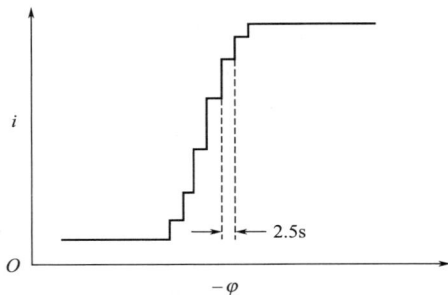

图 9-4　常规脉冲极谱波图　　　　　　　图 9-5　微分脉冲极谱波

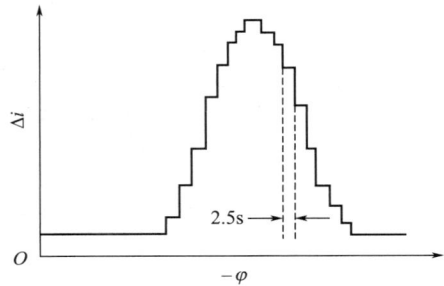

9.2.5　溶出伏安法

溶出伏安法（stripping voltammetry）又称反向溶出极谱法，是以电解富集和电解溶出相结合的一种电化学方法。

首先是电解富集过程，将工作电极（例如悬汞电极）固定在产生极限电流电位（图 9-6 中 C 点）上进行电解，使被测物质富集在电极上。其次是电解溶出过程，经过一定时间的富集后，反方向改变电位，使富集在电极上的物质重新溶出，记录，得到峰状的电流-电位曲线，称为溶出伏安曲线，如图 9-6 所示。伏安曲线的高度与待测物浓度、溶液搅拌速度、电解富集时间、电极的面积及溶出时电位变化的速度等因素有关。当所有因素不变时，峰高与溶液中待测物浓度呈线性关系，根据伏安曲线可进行定量分析。

溶出伏安法按照溶出时工作电极发生氧化或还原反应，分为阳极溶出伏安法和阴极溶出伏安法。阳极溶出伏安法多用于金属离子的测定，其富集时工作电极为阴极，溶出时工作电极为阳极。相反的，如果工作电极上发生的是还原反应，则称为阴极溶出伏安法。阴极溶出伏安法主要用于卤素、硫、钨酸根等阴离子的测定。在阴极溶出伏安法中，被测离子在预电

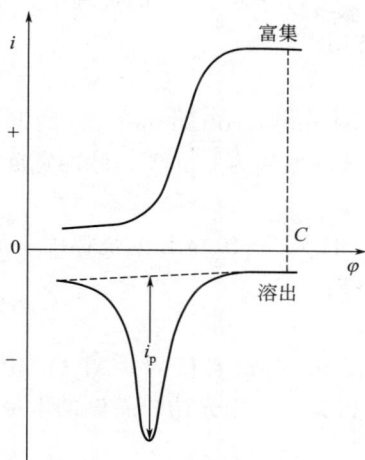

图 9-6　阳极溶出伏安曲线

解的阳极过程中形成一层难溶化合物，当工作电极向负方向扫描时，此难溶化合物被还原而产生还原电流的峰。

9.3　实验内容

实验二十三　微分脉冲伏安法测定水样中的微量铜和锌

【实验目的】

1. 学习和掌握微分脉冲伏安法的基本原理。
2. 学习和掌握 CHI760E 电化学工作站的使用方法。
3. 学习标准加入法进行定量分析。

【实验原理】

微分脉冲伏安法的原理是在缓慢线性变化的直流电压上叠加一小振幅、低频率的矩形脉冲电压（如 10～100mV），脉冲持续时间较长（如 60ms），在即将应用脉冲之前和脉冲末期，对电流取样两次，记录这两次测量的电流差值 Δi。

当测定条件一定时，微分脉冲伏安法的峰电流 i_p 与待测物浓度成正比：

$$i_p = Kc \tag{9-1}$$

【仪器与试剂】

1. 仪器：CHI760E 电化学工作站或其他型号电化学工作站，玻碳电极，饱和甘汞电极或 Ag/AgCl 电极，Pt 电极。
2. 试剂：$CuSO_4 \cdot 5H_2O$，$ZnSO_4 \cdot 7H_2O$，$0.5mol \cdot L^{-1}$ HNO_3-$0.5mol \cdot L^{-1}$ $NaNO_3$ 电解质溶液，水样。

【实验步骤】

1. Cu^{2+} 标准储备液的配制

准确称取 0.4000g $CuSO_4 \cdot 5H_2O$ 于 100mL 的烧杯中，加入少量 H_2SO_4 后，以去离子水溶解并定容至 100mL，摇匀备用。

2．实验参数

微分脉冲伏安法（differential pulse voltammetry）的起始电压为 0.4V，终止电压为 $-0.4V$，增长电压为 0.004V，脉冲振幅为 0.05V，脉冲宽度为 0.2s，灵敏度为 $1×10^{-5}$。

3．Zn^{2+} 标准储备液的配制

准确称取 0.4000g $ZnSO_4 \cdot 7H_2O$ 于 100mL 的烧杯中，加入少量 H_2SO_4 后，以去离子水溶解并定容至 100mL，摇匀备用。

4．玻碳电极的预处理

将玻碳电极用 $1.0\mu m$、$3\mu m$、$0.05\mu m$ 粒度的 $\alpha\text{-}Al_2O_3$ 粉进行抛光后，置于超声波中清洗 $2\sim3min$，再用蒸馏水淋洗，得到一表面光洁、新鲜的电极。

5．溶液的配制

吸取水样 5.00mL 置于电解池中，加入 2mL 电解质溶液，加 8mL 去离子水。

6．测定

（1）连接仪器，打开电化学工作站软件，选择实验方法为 "Differential Pulse Voltammetry"，设置仪器参数，其他参数选择默认值。

（2）在装有试样溶液的电解池中插入电极，开动搅拌器搅拌 15s 使溶液搅拌均匀，通入氮气 10min 以除去溶液中的溶解氧后，点击软件中运行选项，采集伏安曲线，记录峰电流 i_p 和峰电位 E_p。

（3）往电解池中逐次（$3\sim4$ 次）加入 $50\mu L$ $1.00g \cdot L^{-1}$ Cu^{2+} 标准储备液，搅拌均匀后，按测定步骤（2）进行测定，分别记录伏安分析数据。

7．实验结束

实验结束后，清洗电极，退出软件，关闭仪器和计算机。

【数据处理】

1．记录测量数据，自行设计表格，分别记录试样溶液和每次加入标准溶液之后测得的 Cu^{2+} 与 Zn^{2+} 伏安曲线的 E_p 和 i_p。

2．以 i_p 对标准铜的质量或标准铜溶液的体积作图，然后利用外延线与 $c_{Cu^{2+}}$ 轴的交点求出水样中 Cu 与 Zn 的质量或水样相应于标准溶液的体积，并计算出原始水样中铜的质量浓度，以 $mg \cdot L^{-1}$ 表示。

【注意事项】

1．实验过程中需严格控制实验条件，如预电解电位、时间、搅拌速度等，以保证结果的准确性。

2．电极使用前后需仔细清洗，避免污染影响实验结果。

3．标准溶液应现配现用，避免长时间放置导致浓度变化。

【思考题】

1．为什么微分脉冲伏安法能消除电容电流的干扰？

2．使用标准加入法定量有何优缺点？

实验二十四　循环伏安法测定铁氰化钾的电极反应过程

【实验目的】

1. 了解循环伏安法测定的基本原理。
2. 学习 CHI760E 电化学工作站的使用方法。

【实验原理】

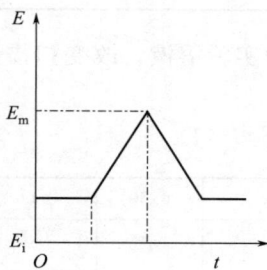

图 9-7　三角波扫描电压

循环伏安法（cyclic voltammetry，CV）是将线性扫描电压施加在电极上，得到扫描电压与时间的关系，如图 9-7 所示。开始时，从起始电压 E_i 开始沿某一方向变化，到达终止电压 E_m 后反方向回到起始电压，呈等腰三角形。当电位从正向扫描时，电活性物质在电极上发生被还原的阴极过程，当逆向扫描时，在电极上将发生还原产物重新氧化的阳极过程，于是一次三角波扫描可完成一个还原-氧化过程的循环。所得电流-电压曲线的上半部是还原波，下半部是氧化波。对于可逆体系，它们的峰电流与待测物的浓度有如下关系：

$$i_p = 2.69 \times 10^5 n^{3/2} D^{1/2} v^{1/2} Ac \tag{9-2}$$

式中，i_p 为峰电流，A；n 为电子转移数；D 为扩散系数，$cm^2 \cdot s^{-1}$；v 为扫描速率，$V \cdot s^{-1}$；A 为电极面积，cm^2；c 为待测物的浓度。

【仪器与试剂】

1. 仪器：CHI760E 电化学工作站或其他型号电化学工作站，工作电极（玻碳电极），参比电极（饱和甘汞电极或 Ag/AgCl 电极），辅助电极（Pt 电极）。
2. 试剂：$0.01 mol \cdot L^{-1}$ 铁氰化钾溶液，$1.0 mol \cdot L^{-1}$ 硝酸钾溶液。

【实验步骤】

1. 开始

连接仪器，打开电化学工作站软件，选择实验方法为 "CyclicVoltammetry"。

2. 实验条件

实验条件可根据所使用的仪器、电极等做相应调整。循环伏安法的起始电压为 0.8V、最高电压为 0.8V、最低电压为 −0.2V，扫描速度为 $0.1 V \cdot s^{-1}$，灵敏度为 1×10^{-5}。

3. 操作步骤

（1）以 $1.0 \times 10^{-3} mol \cdot L^{-1}$ $K_3[Fe(CN)_6]$ 溶液为实验溶液。分别设扫描速度为 $0.02 V \cdot s^{-1}$、$0.05 V \cdot s^{-1}$、$0.10 V \cdot s^{-1}$、$0.20 V \cdot s^{-1}$、$0.30 V \cdot s^{-1}$、$0.40 V \cdot s^{-1}$、$0.50 V \cdot s^{-1}$ 和 $0.60 V \cdot s^{-1}$，记录扫描伏安图，并将实验结果填入表 9-1 中。

表 9-1　线性扫描伏安法实验结果

扫描速度 $v/V \cdot s^{-1}$	0.02	0.05	0.10	0.20	0.30	0.40	0.50	0.60
峰电流(i_p)								
峰电位(E_p)								

（2）配制以下浓度的 $K_3[Fe(CN)_6]$（铁氰化钾）溶液（含 $0.2mol \cdot L^{-1}$ KNO_3）：$1.0 \times 10^{-3} mol \cdot L^{-1}$、$2.0 \times 10^{-3} mol \cdot L^{-1}$、$4.0 \times 10^{-3} mol \cdot L^{-1}$、$6.0 \times 10^{-3} mol \cdot L^{-1}$、$8.0 \times 10^{-3} mol \cdot L^{-1}$、$1.0 \times 10^{-2} mol \cdot L^{-1}$。固定扫描速度为 $0.10V \cdot s^{-1}$，记录各个溶液的扫描伏安图。将实验结果填入表 9-2 中。

表 9-2　不同浓度溶液的峰电流

浓度 $c/mol \cdot L^{-1}$	1.0×10^{-3}	2.0×10^{-3}	4.0×10^{-3}	6.0×10^{-3}	8.0×10^{-3}	1.0×10^{-2}
峰电流(i_p)						

（3）以 $1.0 \times 10^{-3} mol \cdot L^{-1}$ $K_3[Fe(CN)_6]$（铁氰化钾）溶液为实验溶液，改变扫描速度，将实验结果填入表 9-3 中。

表 9-3　不同扫速下的峰电流之比和峰电位之差

扫描速度 $v/V \cdot s^{-1}$	0.02	0.05	0.10	0.20	0.30	0.40	0.50	0.60
峰电流之比($|i_{pc}/i_{pa}|$)								
峰电位之差(ΔE_p)								

4. 实验结束

实验结束后，清洗电极，退出软件，关闭仪器和计算机。

【数据处理】

1. 将表 9-1 中的峰电流对扫描速度 v 的 1/2 次方作图（i_p-$v^{1/2}$）。

2. 将表 9-1 中的峰电位对扫描速度作图（E_p-v）。

3. 将表 9-2 中的峰电流对浓度作图（i_p-c）。

4. 以表 9-3 中的峰电位之差对扫描速度作图（ΔE_p-v）。

【思考题】

1. 如何利用循环伏安法判断电极过程的可逆性？

2. 循环伏安曲线是如何得到的？

实验二十五　维生素B$_{12}$在玻碳电极上的伏安行为及测定

【实验目的】

1. 了解影响维生素 B_{12} 电化学性质的有关因素。

2. 掌握电化学工作站的原理和基本操作。

【实验原理】

电分析化学是仪器分析的一个重要组成部分。它是根据溶液或其他介质中物质的电化学性质及其变化规律来进行分析的一种方法，以电导、电位、电流和电量等电化学参数与被测物质的某些量之间的关系作为定量的基础。

直流循环伏安法是与交流循环伏安法相对应的一种分析方法，常简称循环伏安法，它是以快速线性扫描的形式施加极化的三角波电压于工作电极，如图 9-7 所示。

【仪器与试剂】

1. 仪器：CHI760E 电化学工作站或其他型号电化学工作站，工作电极（玻碳电极），参比电极（饱和甘汞电极或 Ag/AgCl 电极），辅助电极（Pt 电极），超声波清洗器，容量瓶，金相砂纸。

2. 试剂：维生素 B_{12} 储备液（$1×10^{-3}$ mol·L^{-1}），Britton-Robinson（B-R）缓冲溶液（pH=4.56），0.1mol·L^{-1} KCl，Al_2O_3 粉末。

【实验步骤】

1. 标准曲线溶液的配制

分别取适量维生素 B_{12} 储备液于容量瓶中配制成浓度分别为 0mol·L^{-1}、$5×10^{-9}$ mol·L^{-1}、$1×10^{-8}$ mol·L^{-1}、$2×10^{-8}$ mol·L^{-1}、$3×10^{-8}$ mol·L^{-1}、$4×10^{-8}$ mol·L^{-1}、$5×10^{-8}$ mol·L^{-1} 的维生素 B_{12} 标准溶液，用于制作标准曲线。

2. 电极的处理

玻碳电极先用粗、细金相砂纸磨光，然后用研细的 Al_2O_3 粉在绸布上磨成镜面，最后在去离子水中用超声波清洗器清洗。

3. 标准曲线的制备

以 0.1mol·L^{-1} KCl 溶液为支持电解质，把标准溶液分别用 Britton-Robinson（B-R）缓冲溶液调节成 pH 值为 4.56 的溶液，从低浓度到高浓度在 -1.2～0.2V 进行循环伏安扫描，记录 i-E 曲线，扫描速率为 600mV·s^{-1}，找出各浓度的最高还原峰，制作 i-c 标准曲线。

4. 未知样品的测定

取适量未知维生素 B_{12} 样品溶液，以 0.1mol·L^{-1} KCl 溶液为支持电解质，用 Britton-Robinson（B-R）缓冲溶液调节测试液 pH 值为 4.56，转移到电解池中进行阴极扫描，记录 i-E 曲线，用校准曲线法测出该样品的浓度。

【思考题】

1. 什么是极谱法？什么是伏安法？二者有什么区别？

2. 什么是循环伏安法？它有什么用途？

实验二十六　单扫描极谱法同时测定水中的铅和镉

【实验目的】

1. 熟悉单扫描极谱法的基本原理和特点。

2. 测定水样中铅和镉的含量。

【实验原理】

单扫描极谱法是在一个汞滴长成的后期，当汞滴的面积基本保持恒定时，把滴汞电极的电位从一个数值线性改变到另一个数值，同时观察电流随电位的变化，电流随电位变化的 i-E 曲线直接从显示器上显示出来。

对于可逆电极反应过程，可用峰电流方程式来表示：

$$i_p = K n^{3/2} q_m^{2/3} t^{2/3} D^{1/2} v^{1/2} c \tag{9-3}$$

式中，v 为扫描速率，即电压变化率，$V \cdot s^{-1}$；n 为电子转移数；D 为扩散系数，$cm^2 \cdot s^{-1}$；c 为待测物的浓度；t 为出现电流峰的时间，s；i_p 为峰电流，μA；K 为常数。

在一定实验条件下，峰电流 i_p 与被测物质的浓度 c 成正比，即：

$$i_p = kc \tag{9-4}$$

【仪器与试剂】

1. 仪器：CHI760E 型电化学工作站，滤纸，容量瓶。

2. 试剂：$1.00 \times 10^{-3} mol \cdot L^{-1}$ Cd^{2+} 标准溶液，$1.00 \times 10^{-3} mol \cdot L^{-1}$ Pb^{2+} 标准溶液，$4 mol \cdot L^{-1}$ 盐酸，$5 g \cdot L^{-1}$ 明胶溶液。

【实验步骤】

1. 准确吸取用滤纸过滤的含 Cd^{2+}、Pb^{2+} 的水样 25mL 于 50mL 容量瓶中，加入 15mL $4 mol \cdot L^{-1}$ HCl 溶液、1.00mL $5 g \cdot L^{-1}$ 明胶溶液。用蒸馏水稀释至刻度，备用。

2. 吸取上述溶液 10.00mL 于 10mL 电解池中，选择线性扫描伏安法，并选中极谱模式，起始电位为 $-0.1V$，终止电位为 $-0.9V$，扫速速率为 $0.05V \cdot s^{-1}$，测量镉和铅的还原峰，读取其峰高值。

3. 在上述测量溶液中，分别加入 $1.00 \times 10^{-3} mol \cdot L^{-1}$ 的镉和铅的标准溶液各 0.30mL，搅匀后同步骤 2，测量镉、铅的峰值，以标准加入法计算水样中镉、铅的量。

【数据处理】

根据标准加入法公式计算水样中镉和铅的浓度：

$$c = \frac{c_s V_s h}{H(V_x + V_s) - h V_s} \tag{9-5}$$

式中，c 为被测物质在试液中的浓度；V_x 为试液的体积；c_s 为加入标准溶液的浓度；V_s 为加入标准溶液的体积；h 和 H 分别为加入标准溶液前后的峰高。

【思考题】

1. 比较单扫描极谱法与经典极谱法的异同点。
2. 单扫描极谱法在测定中为什么不需除氧？

第 10 章
库仑分析法

10.1 基本原理

库仑分析法是对试样溶液进行电解，通过测定电解过程中所消耗的电量来进行物质含量测定的方法，又称电量分析法。库仑分析法的理论基础是法拉第电解定律。库仑分析法的基本条件是电极反应必须专一，具有100％的电流效率，而无其他副反应发生，否则不能应用此定律。

根据电解方式的不同，库仑分析法分为控制电位库仑分析法和恒电流库仑滴定法。

控制电位库仑分析法是在电解过程中，将工作电极电位调到恒定值，使电解电流降到零，由库仑计记录电解过程所消耗的电量计算被测物质的含量。

恒电流库仑滴定法是在恒定电流的条件下电解，由电极反应产生的电生"滴定剂"与被测物质发生反应，用电化学方法（也可用化学指示剂）确定"滴定"的终点，由恒电流的大小和到达终点需要的时间算出消耗的电量，根据法拉第定律求得被测物质的含量。这种"滴定"方法与滴定分析中用标准溶液滴定被测物质的方法相似，恒电流库仑滴定法也可简称为库仑滴定法。它可用于中和滴定、沉淀滴定、氧化还原滴定和配合滴定。

10.2 仪器结构

10.2.1 控制电位库仑仪基本原理和装置

控制电位库仑分析法是将工作电极的电极电位控制在某一范围内，使主反应的电流效率接近100％，即在该条件下，只有主反应发生而无其他副反应，电解至电解电流降到背景电流时电解终止，从整个电解过程所需电量便可得到待测物质的质量。控制电位库仑分析装置如图10-1所示，在控制电位电解的线路中，串联一个能测量通过电解池电量的库仑计，就构成了一个控制电位库仑分析装置。

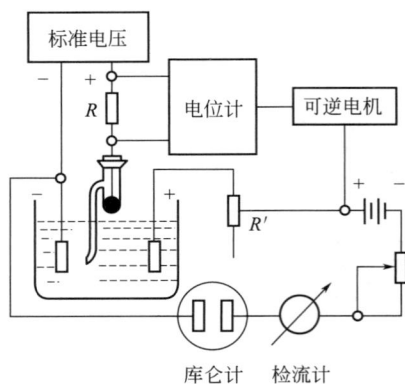

图 10-1　控制电位库仑分析仪

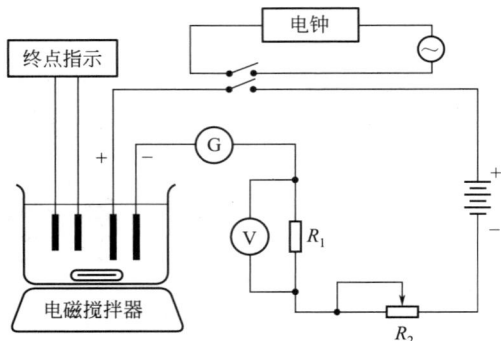

图 10-2　库仑滴定仪

10.2.2　库仑滴定法基本原理和装置

库仑滴定法是建立在恒电流电解过程基础上的库仑分析法。如图 10-2 所示，测定时，恒定的电流（i）通过电解池，在工作电极上发生电极反应，产生一种滴定剂，该滴定剂与待测物质进行定量反应。当待测物质反应完全后，终点指示系统发出终点信号，电解立即停止。从计时器获得电解所用的时间（t），根据法拉第电解定律公式，即可计算出待测物质的质量（m）。

库仑滴定法具有仪器简便、操作简单、电量较容易控制、方法的灵敏度和准确度较高、可实现自动滴定等特点。

$$m = \frac{M}{nF}Q = \frac{M}{nF}it \tag{10-1}$$

式中，m 为电解析出物质的质量，g；M 为析出物质的摩尔质量，$g \cdot mol^{-1}$；n 为电极反应中的电子转移数；F 为 Faraday 常数，$96485 g \cdot mol^{-1}$；i 为通过电解池的电流，A；t 为电解进行的时间，s；Q 为电量，以 C（库仑）为单位，如果用电量积分仪，则电量可以表示为电流对时间的积分：

$$Q = \int_0^t i\,dt \tag{10-2}$$

库仑滴定的溶液条件类似普通滴定分析，化学反应速率快、单一并按化学计量式进行，终点指示敏锐。对于产生滴定剂的适宜电流密度，可通过分析支持电解质的 i-E 曲线和加入产生滴定剂的离子后所得到的 i-E 曲线来确定。

库仑滴定能够用于许多不同类型的测定，包括酸碱滴定、沉淀滴定、络合滴定和氧化还原滴定。

库仑滴定法与普通的滴定分析法相比具有如下优点：

（1）可以测量浓度低至 $10^{-8} mol \cdot L^{-1}$ 的物质。

（2）不需制备和储存标准溶液。

（3）不稳定或使用不方便的物质（如易挥发、发生化学变化等）也能用作滴定剂，如 Br_2、Cl_2、Ti^{3+}、Sn^{2+}、Cr^{2+} 等。

（4）容易实现自动化并可以遥控滴定（如放射性物质测定）。

（5）滴定过程无溶液体积的变化，使确定终点更简单。

库仑滴定法具有仪器简便、操作简单、电量较容易控制、方法的灵敏度和准确度较高、可实现自动滴定等特点。

10.2.3 库仑滴定仪基本操作

以国产 KLT-1 型通用库仑仪为例，它以电流/电压与上升/下降四种组合方式指示检测终点，根据不同的要求选用电极和电解液，可以完成不同的实验，适用于科研、教学及分析测定。

1. KLT-1 型通用库仑仪技术指标

(1) 电解电流：50mA、10mA、5mA 三挡连续可调。

(2) 积分精度：0.5%±1 个字。

(3) 终点指示：有电流/电压、上升/下降四种组合方式。

(4) 显示：4 位 LED。

2. KLT-1 型通用库仑仪特点

KLT-1 型通用库仑仪的特点是电量显示简单直观，终点指示方法齐全，积分运算准确可靠，操作简单使用方便（图 10-3）。

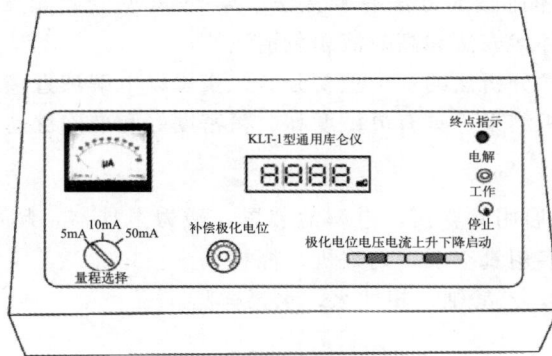

图 10-3　国产 KLT-1 型通用库仑仪示意图

3. 使用方法

(1) 接通电源，打开仪器预热 10min。将电解池清洗干净，量取所需电解液置于电解池中，放入搅拌磁子，将电解池放在电磁搅拌器上。

(2) 将电极系统装在电解池上，确认电极准确连接至库仑仪，隔离套管（保护管）中也装入适量电解液。

(3) 选择合适的量程，"工作/停止"开关置工作状态，按下"电流"和"上升"开关；按下"极化电位"按键，微安表指针应在 20，如不符，调节"补偿极化电位"旋钮，使其达到要求，弹起"极化电位"按键。

(4) 准确移取待测液于上述电解池中，开动电磁搅拌，按下"启动"按键，按"电解"按钮开始电解，待"终点指示灯"亮，表明到达终点，读取电解过程的电量，弹起"启动"按键，即完成一次测定。

(5) 关闭仪器电源，拆除电极接线，洗净电解池及电极并注入蒸馏水待用。

10.3 实验内容

实验二十七 库仑滴定法测定蔬菜和水果中的维生素C含量

【实验目的】

1. 掌握库仑滴定法的原理。
2. 熟悉库仑仪的基本操作过程。

【实验原理】

维生素 C（抗坏血酸）是人类营养中最重要的维生素之一，它与体内其他还原剂共同维持细胞正常的氧化还原电势和有关酶系统的活性。水果和蔬菜是人体维生素 C 的主要来源。不同的生长条件、成熟度和加工储藏方式，都会影响维生素 C 的含量。维生素 C 具有很强的还原性，目前测定抗坏血酸的方法有碘量法、紫外-可见分光光度法、荧光分光光度法、近红外分光光度法、循环伏安法和高效液相色谱法等。

库仑滴定法是电化学分析法的一个重要分支，实验以电解液直接进行滴定，通过精确测定电量或电位而获得分析结果，具有灵敏度高、精密度好和准确性高的特点。

【仪器与试剂】

1. 仪器：KLT-1 型通用库仑仪，电解池装置，磁力搅拌器，超声波清洗器，微量移液器，搅拌机，循环水式多用真空泵，匀浆机，烧杯。
2. 试剂：KI，乙酸，乙酸钠，超纯水，水果样品。

【实验步骤】

1. 电解液和维生素 C 标准溶液的配制

将 20mL 0.2mol·L^{-1} NaAc 与 60mL 0.3mol·L^{-1} HAc 混合均匀，配制得 pH＝4.2 的 NaAc-HAc 缓冲溶液。称取 2.0g KI 固体溶解于 NaAc-HAc 缓冲溶液中，混匀后即得电解液。2.0mmol·L^{-1} 维生素 C 标准溶液采用 NaAc-HAc 缓冲溶液配制，现配现用。

2. 样品处理

取洗净、抹干的水果样品放入搅拌机中搅成匀浆，准确称取 20g 匀浆于烧杯中，加入 NaAc-HAc 缓冲溶液，加入适量超纯水超声处理 10min，抽滤，定容至 50mL，摇匀，静置，待测。

3. 仪器准备

仪器电源开启前，将所有按键全部释放，工作、停止开关置于停止位置，电解电流量程调至 10mA，电流微调至最大位置。开启电源开关，预热 30min。

4. 测定方法

在电解池中倒入约 50mL 电解液，加入 1.00mL 维生素 C 标准溶液，连接好电极接线，打开搅拌器，选择合适转速。准确连接库仑仪和电解池，量程选择为 10mA，指示电极电压调节为 100mV。

5. 测定过程

向电解池中加少量水果样品溶液进行预电解。然后用微量移液器向电解池中加入样品溶液 1mL，开动搅拌，将按键"停止/工作"拨转到"工作"处，按下"电解"键进行恒电流电解，记录电解消耗的电量。

6. 结果计算

通过法拉第定律计算：

$$m = Q \times \frac{M}{nF} \tag{10-3}$$

式中，m 为被滴定抗坏血酸的质量；Q 为电极反应所消耗的电量（本仪器所示电量为毫库仑，故 m 的单位相应为 mg）；M 为被测物抗坏血酸的分子量，176.1；F 为法拉第常数，96485；n 为电极反应的电子转移数。

7. 实验结束

实验完毕后，将所有按键弹起，关闭电源，洗净库仑池，存放备用。

【数据处理】

通过法拉第电解定律公式(10-3) 计算。

【注意事项】

1. 样品液制备和测定过程，要避免阳光照射及与铜、铁器接触，以免抗坏血酸被破坏。
2. 某些蔬菜、水果的浆状物定容时泡沫太多，可加数滴消泡剂，如丁醇或辛醇。
3. 整个操作过程要迅速，防止还原型抗坏血酸被氧化。

【思考题】

1. 试述该法测定抗坏血酸的优缺点。
2. 样品中抗坏血酸提取过程中需要注意什么？

实验二十八　恒电流库仑滴定法测定砷

【实验目的】

1. 通过本实验掌握库仑滴定法的基本原理。
2. 掌握恒电流库仑滴定法测定痕量砷的实验方法。

【实验原理】

库仑滴定法是将通过电解产生的物质作为滴定剂来滴定被测物质的一种分析方法。在分析时，以 100％的电流效率产生一种物质（滴定剂），该物质能与被分析物质进行定量的化学反应，反应的终点可借助指示剂、电位法、电流法等进行确定。这种滴定方法所需的滴定剂不是由滴定管加入的，而是借助于电解方法产生出来的，滴定剂的量与电解所消耗的电量（库仑数）成正比，所以称为库仑滴定法。

本实验采用恒电流电解碘化钾的缓冲溶液（用碳酸氢钠控制溶液的 pH 值）产生的碘来测定砷的含量。在铂电极上碘离子被氧化为碘，然后与试剂中的砷（Ⅲ）反应，当砷（Ⅲ）全部被氧化为砷（Ⅴ）后，过量的微量碘将淀粉溶液变为微红紫色，即达到终点。根据电解所消耗的电量，按法拉第定律计算溶液中砷（Ⅲ）的含量。在电解电极上的反应如下：

阳极：$2I^- - 2e^- \longrightarrow I_2$

阴极：$2H_2O + 2e^- \longrightarrow H_2\uparrow + 2OH^-$

电解产生的 I_2 与溶液中的 As（Ⅲ）（被测物质）发生定量反应，反应式为

$$AsO_3^{3-} + I_2 + H_2O \longrightarrow AsO_4^{3-} + 2I^- + 2H^+$$

分别用淀粉指示剂或"永停法"确定终点。当 As（Ⅲ）全部被氧化为 As（Ⅴ）后，过量的砷将淀粉溶液变为蓝紫色，指示终点到达。当用"永停法"指示终点时，此时指示系统中检流计光点突然发生移动，即为终点到达。根据测量电解时所消耗的电流值和时间，即可按法拉第定律公式(10-3)计算溶液中砷的含量。

为使电解反应产生碘的电流效率达到 100%，要求电解液的 pH <9。但若使碘与亚砷酸的化学反应定量进行完全，则又必须使电解液的 pH >7。因此，必须严格控制电解在弱碱性条件下进行。此外，在试液中加入大量 KI。电解对其浓度影响很小，因而不需要在电解过程中增加电解电压，从而避免了在直接由恒电流电解待测离子的情况下，待测离子减低而需增加电解电压而引起的副反应。此外，在电解池中采用大面积铂片电极，采取加强搅拌等措施避免浓差极化产生。

【仪器与试剂】

1. 仪器：KLT-1 型通用库仑仪，天平，铂片电极（作为工作电极），螺旋铂丝电极，两室电解池，盐桥，滤纸，磁力搅拌器。

2. 试剂：10^{-4} mol·L^{-1} 亚砷酸溶液（用硫酸微酸化使之稳定），0.5% 新配制淀粉试液，硝酸溶液（体积比 $1:1$），1 mol·L^{-1} 硫酸钠溶液，碘化钾，碳酸氢钠。

【实验步骤】

1. 碘化钾缓冲溶液的配制，溶解 60g 碘化钾、10g 碳酸氢钠，然后稀释至 1L，加入亚砷酸溶液 $2\sim3$mL，以防止被空气氧化。

2. 电极处理，将铂电极浸入 $1:1$ 硝酸溶液中，数分钟后，取出用蒸馏水吹洗，用滤纸吸掉水珠。

3. 量取碘化钾缓冲溶液 50mL 及淀粉溶液约 3mL，置于电解池中，放入搅拌磁子，将电解池放在仪器内置磁力搅拌器上。在阴极室中注入硫酸钠溶液，至管的 2/3 部位，插入螺旋铂丝电极。将铂片电极装在阳极室内（注意铂片要完全浸入试液中）。铂片电极接阳极，螺旋铂丝电极接阴极。启动搅拌器，设置电解电流为 1.0mA。仔细观察电解溶液，当微红紫色出现时，停止电解。慢慢滴加亚砷酸溶液，直至微红紫色褪去再多加 $1\sim2$ 滴，再次继续电解至微红紫色出现，停止电解。为熟练掌握终点的颜色判断，可如此反复练习几次。

4. 准确移取亚砷酸 10.0mL，置于上述电解池中，开始实验，电解至溶液出现与加亚砷酸前一样的微红紫色时，立即停止电解，记下电解时间。再加入 10.0mL 亚砷酸溶液，用同样步骤测定。重复实验 $3\sim4$ 次。

5. 测量完毕，关闭电化学工作站电源，洗净电极并将电极浸在去离子水中。

【数据处理】

1. 根据几次测量结果（表 10-1），求出平均电解时间与平均偏差。

2. 根据平均电解时间，用法拉第定律计算出未知溶液中亚砷酸的含量（以 mol·L^{-1} 计）。

表 10-1　恒电流库仑法对砷含量的测定

测定次数	1	2	3	平均偏差 SD
时间/min				
电荷量/C				

【注意事项】

1. 砷化合物属剧毒类化合物，对人体的胃肠道、肝、肾、心血管、皮肤、神经系统、呼吸系统和生殖系统等都有严重的危害，致死量为 $0.76 \sim 1.95 \mathrm{mg} \cdot \mathrm{kg}^{-1}$。2017 年被世界卫生组织列入一类致癌物清单，2019 年被国家列入《有毒有害水污染物名录（第一批）》。在实验中要特别注意不要直接用手接触药品或试液，也不要沾在实验服上。实验完毕要立即洗手，实验服也要及时清洗。实验完毕后，所用废液绝不允许倒入水槽中，必须倒入指定的废液缸中，由专人进行处理。

2. 仪器在使用过程中，取出电极或断开电极引线时必须先释放启动键，以使仪器的指示回路输入端起到保护作用，防止损坏仪器。

3. 电解电极的阴、阳极引线绝对不可接错。

4. 溶液搅拌要充分，但要避免产生大量气泡。

5. 用指示剂法测定终点时，预电解终点溶液颜色和正式测定时终点颜色应一致。

【思考题】

1. 写出滴定过程的电极反应和化学反应方程式。

2. 碳酸氢钠在电解溶液中起什么作用？

3. 为什么工作电极要选用较大的铂片？

4. 电解液为什么能重复使用？

实验二十九　恒电流库仑滴定法测定环境水样的化学需氧量

【实验目的】

1. 学习和掌握恒电流库仑法测定水样 COD 的原理和有关操作技术。

2. 学习和掌握环境水样消解的方法。

【实验原理】

化学耗氧量 COD 是指水体中易被氧化的有机物和无机物（不包括 Cl^-）所消耗的氧的数量（以氧的 $\mathrm{mg} \cdot \mathrm{L}^{-1}$ 表示），是评价水体中有机污染物质的相对含量的一项重要的综合性指标，也是对河流、工业污水的研究及污水处理厂控制的一项重要的测定参数。

目前国内外常用的 COD 测定方法有重铬酸钾法和高锰酸钾指数法两种。传统的化学耗氧量测定采用的是滴定法，但该方法有着消耗时间长、耗费试剂多、操作烦琐等缺点。采用基于库仑滴定原理的化学耗氧量测定仪具有操作省时、节约试剂、操作简便等优点，更适合测定 COD 值。

化学耗氧量测定仪的分析原理是，用过量的重铬酸钾法（或高锰酸钾）为氧化剂，氧化有机物中的碳元素 C，剩余的氧化剂以电解产生亚铁离子为还原剂进行测定，从而测出

COD 值。其方法依赖于恒电流库仑滴定，原理遵循法拉第电解定律公式(10-3)。

设样品 COD 值为 C_x（以 mg·L^{-1} 为单位），取样量为 V（mL），因为 $m = C_x \dfrac{V}{1000}$；$Q = It$，氧的分子量为 32，电子转移数为 4，将以上各项代入式(10-3) 整理得：

$$C_x = \frac{8000}{96485} \cdot \frac{I(t_0 - t_1)}{V} \tag{10-4}$$

式中，I 为电解电流，mA；t_0 为空白试验时，电解产生亚铁离子，标定重铬酸钾或高锰酸钾的时间；t_1 为水样试验时电解产生亚铁离子滴定剩余重铬酸钾（或高锰酸钾），水样中的耗氧物质还原一定量的重铬酸钾（或高锰酸钾），由电解产生亚铁离子为还原剂，还原剩余的重铬酸钾或高锰酸钾直至反应完全。此时仪器进入终点状态。指示电极电位突变，进而测得样品的耗氧量。

化学耗氧量测定仪测定 COD 与滴定分析法相比具有如下优点：

（1）操作省时。重铬酸钾法一次样品全过程分析需 30min，高锰酸钾指数法全过程一次分析需 40min，而一般滴定分析法测定一次全过程需半天左右。

（2）节省试剂。硫酸铁不需要每天标定。因为滴定亚铁离子是在阴极上电解产生，随时用随时电解，省去了试剂标定工作。

（3）对于氯化物含量较高的水体（一般为 60mg·L^{-1} 以上）只需要用硝酸银消除干扰即可，而在标准铬法中对氯化物含量高于 30mg·L^{-1} 的水体，需硫酸汞消除干扰，从而引入了二次污染。

（4）高含量、低含量都可以测定。仪器可直接测定 COD 值低于 1000mg·L^{-1} 水体，高于 1000mg·L^{-1} 的水体可稀释后测定，水样的 COD 值低于 2～3mg·L^{-1} 时仍然可以测定，仪器灵敏度为 0.3mg·L^{-1}。

【仪器与试剂】

1. 仪器：化学耗氧量测定仪，电解池，回流装置（球形冷凝管、250mL 磨口锥形瓶），电炉。

2. 试剂：硫酸（3mol·L^{-1}）去离子水。

重铬酸钾溶液 $[(1/6K_2Cr_2O_7) = 0.05mol·L^{-1}]$：称取 2.4516g 重铬酸钾溶于 1000mL 去离子水中，摇匀备用。

硫酸-硫酸银溶液：500mL 浓硫酸中加入 6g 硫酸银，使其溶解，摇匀。

硫酸铁溶液 $[1/2Fe_2(SO_4)_3 = 1mol·L^{-1}]$：称取 200g 硫酸铁 $[Fe_2(SO_4)_3]$ 溶 1000mL 去离子水中。若有沉淀物需过滤除去。

硫酸汞溶液：称取 4g 硫酸汞置于 50mL 烧杯中，加入 20mL 3mol·L^{-1} 的硫酸，稍加热使其溶解，移入滴瓶中。

【实验步骤】

1. 消解样品

（1）标定扣除本底空白的 1mL 重铬酸钾溶液的总氧化量，取 12mL 去离子水和 17mL 硫酸-硫酸银溶液，加 1mL 重铬酸钾溶液，加热回流 15min，稍冷加 33mL 去离子水、加 7mL 硫酸铁溶液，冷至室温后待测。

（2）取水样 10mL，加 1mL 重铬酸钾溶液、2mL 去离子水、17mL 硫酸-硫酸银溶液，加热回流 15min 后，稍冷加 33mL 去离子水、7mL 硫酸铁溶液，冷至室温后待测。

2. 准备电解池

（1）将洗净备用的电解池用约 1mL 饱和 K_2SO_4 注入铂片（指示负极）内充液腔。用约 1mL $3mol \cdot L^{-1}$ H_2SO_4 注入铂丝（电解阳极）内充液腔，将电解池静置 10min 观察内充液是否存在明显漏失现象，如发现，实验前应及时补充。

（2）连接电线。大二芯红线接电解阳极，黑线接电解阴极；小二芯红线接指示正极，黑线接指示负极。

（3）将电解池置于主机右侧，并插好对应的电线插头。

3. COD 测定

（1）开启电源，选定仪器的分析方法为铬法。选择 20mA 的电流挡。

（2）将回流好的空白（标定）消解杯放于搅拌器上，放入干净的磁力搅拌子，把准备好并接好连线的电极头插入消解杯中，选择适当的搅拌速度（电解液起旋，但无气泡），"标定/测量"置标定挡。

（3）按"启动"键，"电流"灯亮，仪器开始从"0"做加法计数，这时开始电解产生 Fe^{2+} 滴定重铬酸钾，到终点后，终点灯亮，同时蜂鸣器鸣叫，电解电流自动关闭，计数停止。重复上述步骤 3 次，仪器自动取平均值作为重铬酸钾总氧化量的标定值，存储到机内。

（4）在测量样品前，按一下"标定/测量"键，使测量灯亮，这时显示器显示出"b"及标定时平均标定值（也可通过键盘输入标定值），输入体积值（即水样的体积 10mL），把电极头放入回流消解好的（或水浴好的）样品杯中，按下"启动"键，仪器自动电位补偿，补偿完成后，电流灯亮，仪器开始从预置标定值作减法计数，到终点后终点指示灯亮，同时报警，电解停止，所显示数即为样品的 COD 值（如稀释过，其显示结果应乘以稀释倍数）。重复上述步骤 3 次。

（5）记录标定值和样品 COD 值。

【数据处理】

将实验数据列入表 10-2。

表 10-2　环境水样 COD 的测定

测定次数	1	2	3	平均偏差 SD
标定值				
COD 值/mg $\cdot$ L^{-1}				

【注意事项】

1. 所用分析纯试剂，必须是透明无色，无絮状物，无残渍。

2. 内充液在连续使用一星期左右应及时更换。

3. 各连线接触应保持良好，否则仪器不能正常工作（出现无终点等故障）。

4. 电极钳片应保持光亮，有时在使用后会附着氯化银等化合物，此时应用（1:3）硝酸溶液在电解杯内浸洗并用去离子水洗净。如长期不用，可置于干净无任何溶液的电解杯内。

【思考题】

1. 为什么恒电流库仑法测定 COD 只需要用硝酸银即可消除氯的干扰，而在铬法滴定中需硫酸汞才可消除氯的干扰？

2. 写出重铬酸钾氧化有机物中 C 的化学方程式。

3. 讨论本实验滴定中可能的误差来源及其预防措施。

第 11 章

气相色谱法

11.1　基本原理

气相色谱法（gas chromatography，GC）是以气体为流动相的色谱分析法，对气体物质或可以在一定温度下转化为气体的物质进行检测分析的方法。由于各组分在流动相（载气）和固定相两相间的分配系数不同，当两相做相对运动时，组分在两相间进行反复多次分配，使组分得到分离。由于使用了高效能的色谱柱、高灵敏度的检测器及微处理器，气相色谱法具有选择性高、灵敏度高、分离效能高、分析速度快、应用范围广等特点，广泛应用于环境、石油、化工、农业、食品、医药、生物等领域。此外，气相色谱法与其他近代分析仪器联用，已成为发展方向，如气相色谱-质谱联用（GC-MS）、气相色谱-红外光谱联用（GC-FTIR）、气相色谱-原子发射光谱联用（GC-AES）等。根据气相色谱法的固定相状态不同，可分为气固色谱法（GSC）和气液色谱法（GLC）。

11.2　仪器结构

气相色谱仪主要包括气路系统Ⅰ（包括气源、净化干燥管和载气流速控制）、进样系统Ⅱ（进样器及气化室）、分离系统Ⅲ（填充柱或毛细管柱与柱温箱）、检测系统Ⅳ（可连接各种检测器，如热导检测器、氢火焰检测器、电子捕获检测器、火焰光度检测器）、记录系统Ⅴ（放大器、记录仪或数据处理仪）以及温度控制系统六个基本单元。气相色谱流程示意图见图 11-1。高压钢瓶供给载气，经减压阀减压，净化器净化后，由气体调节阀调节到所需流速，进入气相色谱仪；载气流经气化室，携带样品进入色谱柱进行分离；分离后的组分先后流入检测器；检测器将按物质的浓度或质量的变化转变为一定的响应信号，经放大后在记录仪上记录下来，得到色谱流出曲线。

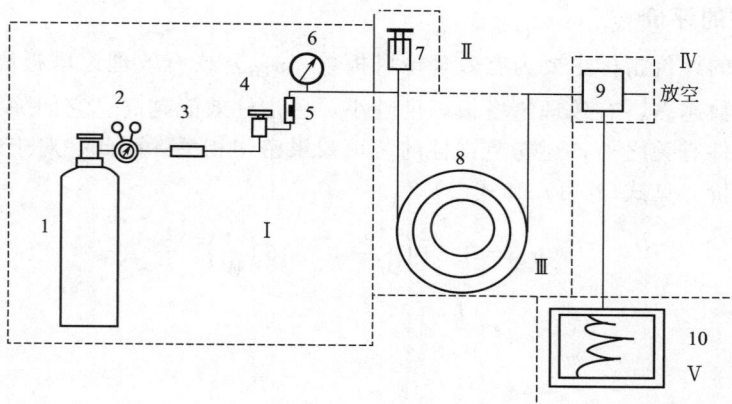

图 11-1　气相色谱仪的基本结构

1—高压气瓶；2—减压阀；3—净化器；4—气流调节阀；5—流量计；
6—压力表；7—进样口；8—色谱柱；9—检测器；10—记录仪

11.3　实验技术

11.3.1　样品制备

气相色谱法可以分析气体和易挥发的有机化合物。对于不易挥发或热不稳定的化合物，可通过化学衍生法转化成易挥发和热稳定性好的衍生物进行分析；对于一些没有挥发性的样品和高分子样品，可采用热裂解的方法对样品进行处理，分析裂解后的产物；对于气体、液体和固体基质中的微量气相色谱分析物，可采用萃取、顶空、吹扫捕集、固相微萃取、超声波辅助萃取、微波辅助萃取和超临界流体萃取等样品前处理技术进行预处理。

11.3.2　色谱柱的填充、老化及评价

（1）色谱柱的填充

装柱时先将色谱柱的一端用玻璃棉轻轻堵住，接上抽滤瓶和真空泵，色谱柱的另一端与带有漏斗的橡胶管相连，开启真空泵，向漏斗中加入固定相（涂有固定液的担体）。固定相通过漏斗慢慢地被吸入色谱柱中，同时轻轻敲色谱柱各部，使固定相均匀地填满柱中。装填好后，关闭真空泵，取下色谱柱，两端塞入玻璃棉并将柱两头密封好，标记色谱柱的填充方向。

（2）色谱柱的老化

新填充的色谱柱必须经过老化处理后才能使用。通过老化彻底除去固定相中残留的溶剂及其他易挥发性的杂质，并促进固定液均匀牢固地涂渍在担体表面。

其方法是把色谱柱的进口端接入气相色谱仪进样口，但出口端不要接检测器，以避免检测器被污染。装好后，在通入载气的情况下加热处理，老化时的温度应比分析样品时的温度高出 20～30℃，升温速率要平缓，也可以采用程序升温，但老化的温度绝不能高于固定液的最高使用温度。在上述条件下老化 6～8h，然后接入检测器，观察基线，基线平直说明老化处理完毕，可用于样品测定。

（3）色谱柱的评价

色谱柱效能的评价指标主要为有效理论塔板数（n_{eff}）或有效理论塔板高度（H_{eff}），通常有效理论塔板数越多，有效理论塔板高度越小，色谱柱效能越高。它们除了与固定相的性质和色谱操作条件有关之外，还与色谱柱的装填效果密切相关。因此，对于新装填的色谱柱必须进行性能评价，见式(11-1) 和式(11-2)。

$$n_{eff} = 5.54 \left(\frac{t_R'}{W_{1/2}}\right)^2 = 16 \left(\frac{t_R'}{W}\right)^2 \tag{11-1}$$

$$H_{eff} = \frac{L}{n_{eff}} \tag{11-2}$$

$$t_R' = t_R - t_0 \tag{11-3}$$

式中，n_{eff} 是有效理论塔板数；H_{eff} 是有效理论塔板高度；L 是色谱柱长；t_R 是组分保留时间；t_R' 是组分调整保留时间；t_0 是死时间；W 是色谱峰宽；$W_{1/2}$ 是半峰宽。

由于各组分在固定相和流动相中的分配系数不同，因而对于同一色谱柱而言，不同组分的柱效也不相同，所以应该指明是何种物质的分离效能。

11.3.3 分离条件的选择

气相色谱仪分离条件的选择就是寻求实现组分分离的满意条件，包括固定相的选择、分离操作条件的选择、检测器的选择等。已知混合物分离效果取决于组分间分配系数的差异和柱效能的高低，前者取决于组分和固定相的性质，后者由分离条件决定。因此，固定相和分离操作条件的选择是实现组分分离的重要因素。

（1）固定相选择

气相色谱固定相分为两类：用于气固色谱的固体吸附剂和用于气液色谱的固定液和担体。气-液色谱固定相的选择主要考虑担体的性质及粒度、固定液性质及用量。一般选择比表面积大、孔径分布均匀、颗粒大小均匀的担体，使固定液涂在担体表面形成均匀的薄膜，提高柱效。但担体颗粒不宜过小，以免使传质阻力过大。固定液是高沸点、难挥发的有机化合物，根据相似相溶原则选择与试样性质相近的固定液，当样品组分在固定液中具有一定的溶解度时，才能实现分离。固定液的用量以能均匀覆盖担体表面形成薄的液膜为宜。液膜薄、传质快，有利于柱效能的提高和分析时间的缩短。各种担体表面积大小不同，固定液配比也不同，一般在 $5\% \sim 25\%$ 之间，低的固定液配比，柱效能高，分析速度快，但允许的进样量低。固定液用量越大，允许的进样量就越大。

（2）分离操作条件的选择

为了在较短时间内获得较满意的色谱分离效果，除了选择合适的固定相之外，还要选择最佳的操作条件，以提高柱效能，增大分离度，满足分离分析的需要。

根据范第姆特方程和色谱分离方程式，可推导色谱分离的操作条件。

① 柱长及柱内径：增加柱长，可使理论塔板数增大，提高分离效能。但柱长过长，分析时间增加且峰宽也会加大，导致总分离效能下降。一般情况下，在满足分离度的条件下，尽可能选择短而窄径的色谱柱。

② 载气及流速的选择：选用何种载气，首先考虑检测器的适应性，其次考虑流速的大小，根据范第姆特方程，求导最佳流速。在实际应用中，为了缩短分析时间，流速往往稍高

于最佳流速。

③ 柱温的选择：柱温是气相色谱重要的操作参数，直接影响分离效能和分析速度。柱温的选择需要考虑固定液的使用温度，应介于固定液的最低使用温度和最高使用温度之间，否则不利于分配或易导致固定液挥发流失。柱温改变，影响分配系数 K、分配比 k、组分在流动相中的扩散系数 D_g 和组分在固定相中的扩散系数 D_s，从而影响分离效率和分析速率。提高柱温，可以加快传质速率，有利于提高柱效，缩短分析时间。但增加柱温又加剧了纵向扩散，峰拖尾过高造成固定液流失，柱效降低，同时也降低了选择性。从分离的角度考虑，在使最难分离的组分尽可能分离的前提下，尽量采用较低的柱温，但以保留时间适宜、峰形不拖尾为宜。一般所用的柱温接近被分析试样的平均沸点或更低。

④ 进样方式及进样量：进样速度必须很快，要以"塞子"方式进样，以防止峰形扩张，否则会使色谱峰扩张，甚至变形。最大的进样量应控制在使峰面积或峰高与进样量成正比的范围内。检测器的性能不同，允许的进样量也不同，液体样品一般在 $0.1\sim1\mu L$，气体样品在 $0.1\sim10mL$。

另外，还需考虑气化温度和燃气助燃气的比例。气化温度应以试样能快速气化且不分解为宜，适当提高气化温度对分离及检测有利，一般选择气化温度比柱温高 $20\sim70℃$。燃气和助燃气的比例会影响组分的分离，两者的比例为 $1:8\sim1:5$。

11.4　实验内容

实验三十　气相色谱法测定酒中乙醇的含量

【实验目的】

1. 熟悉气相色谱法测定的原理和步骤。
2. 学习内标法定量的基本原理和测定方法。

【实验原理】

乙醇的含量是酒精饮料质量控制的关键之一。酒精度（酒精含量）是指 20℃时 100mL 酒中所含乙醇的毫升数。目前，常用测定酒精含量的方法有气相色谱法、密度瓶法和酒精计法。密度瓶法相对来说设备简单，操作方便，但测定的酒精度会有一定的误差；酒精计法需将样品溶液蒸馏后再测定，较为繁琐；气相色谱法虽然仪器价格昂贵，但灵敏度高，能准确、快速地测定酒精度。

气相色谱法测定乙醇时，常用丙醇、丁醇、正戊醇作为内标物进行定量分析。内标法是一种常用的色谱定量分析方法，它是在一定量（m）的样品中加入一定已知量（m_{is}）的内标物，根据待测组分和内标物的峰面积及内标物的质量计算待测组分的质量（m_i）

$$w_i = \frac{m_i}{m} \times 100\% = \frac{A_i f_i}{A_{is}} \times \frac{m_{is}}{m} \times 100\% \tag{11-4}$$

式中，m_i 为待测组分的质量；m_{is} 为样品溶液中内标物的质量；m 为样品的质量；A_{is} 为样品溶液中内标物的峰面积；A_i 为样品溶液中待测组分的峰面积；f_i 为待测组分 i 相对于内标物的相对定量校正因子。f_i 由标准溶液计算如下：

$$f_i = \frac{f'_i}{f'_{is}} = \frac{m'_i}{A'_i} \times \frac{A'_{is}}{m'_{is}} = \frac{m'_i A'_{is}}{m'_{is} A'_i} \tag{11-5}$$

式中，A'_i 为标准溶液中待测组分 i 的峰面积，A'_{is} 为标准溶液中内标物的峰面积；m'_{is} 为标准溶液中内标物的质量；m'_i 为标准溶液中标准物质的质量。

内标法中内标物的选择应满足一定的要求。首先，内标物必须是试样中不存在的物质，内标物色谱峰能与各待测组分的色谱峰完全分离，且保留时间相近。其次，内标物在所给定的色谱条件下具有一定的化学稳定性，与样品不发生化学反应。最后，内标物在样品中必须具有很好的溶解性，浓度适当，分析灵敏度与待测组分相近。

【仪器与试剂】

1. 仪器：北分瑞利 SP3510 气相色谱仪（带 FID 检测器），微量进样器（10μL），容量瓶，滤纸。

2. 试剂：无水乙醇（分析纯）、正丙醇、甲醇、酒样。

【实验步骤】

1. 标准溶液的配制

精密移取 0.50mL 无水乙醇和 0.50mL 正丙醇于 50mL 容量瓶中，加甲醇定容，摇匀。

2. 色谱操作条件

使用色谱柱 Rtx-Wax 毛细管柱或其他可分析乙醇的色谱柱，程序升温至 40℃，保持 5min，以 20℃·min^{-1} 升至 200℃，保持 2min，进样口温度为 220℃，检测器（FID）温度为 220℃，分流比为 20：1，氮气流速为 30mL·min^{-1}，空气流速为 400mL·min^{-1}，氢气流速为 40mL·min^{-1}。

3. 相对校正因子的测定

用微量进样器吸取 0.5μL 标准溶液注入色谱仪中，记录各峰的保留时间 t_R 和峰面积，重复 3 次，以公式求算出乙醇以正丙醇为内标物的相对校正因子。

4. 样品溶液的配制

取葡萄酒样品适量（10mL 左右），加入 0.5mL 正丙醇，用甲醇稀释至 50mL，放置 15min，过 0.45μm 有机滤膜备用。

5. 样品溶液的测定

用微量进样器吸取 0.5μL 样品溶液注入色谱仪内，记录各峰的保留时间 t_R 和峰面积，对照比较标准溶液与样品溶液的 t_R，确定样品中醇的位置，记录乙醇和正丙醇的峰面积，重复 3 次。由平均值根据内标法计算样品中乙醇的含量。

【数据处理】

1. 计算相对校正因子。
2. 葡萄酒中乙醇含量的计算。

【注意事项】

1. 点燃氢火焰时，应将氢气流量调大，以保证顺利点燃。点燃火焰后，再将氢气流量缓慢降至规定值。若氢气流量降得过快会熄火。

2. 可用以下方法判断氢气是否点燃：将金属置于检测器出口上方，若有水汽冷凝在金属表面，则表明氢火焰已点燃。

3. 注意样品体积必须准确、重现。每次进样和拔出注射器的速度应保持一致。

4. 微量注射器取样时，应先用被测试液洗涤 5～6 次，然后缓慢抽取一定量的试液。取样过程中，必须注意排出气泡，若仍有空气带入注射器内，可将针头朝上，轻轻敲注射器管，待空气排尽后，排出多余试液，再用滤纸擦净针头。

【思考题】

1. 内标法测未知样的含量有何特点？内标物的选择应符合哪些条件？
2. 用该实验方法能否测出酒样品中的水分含量？
3. 做好本实验应注意哪些问题？

实验三十一 毛细管气相色谱法测定水中的挥发性苯系物

【实验目的】

1. 熟悉毛细管气相色谱法的常用进样技术和氢火焰检测技术的使用方法。
2. 了解外标法分析水中的苯系物的方法。
3. 了解色谱工作站的使用方法。

【实验原理】

气相色谱法是采用气体作为流动相的一种色谱法，通过物质在固定相和流动相（气相）之间发生吸附、脱附和溶解、挥发的分配过程，多组分试样通过色谱柱得到分离。气相色谱法应用于气体试样的分析，也可以分析易挥发或可转化为易挥发物质的液体和固体。但其不适用于高沸点、热敏性物质的检测。

氢火焰离子化检测器是以氢气和空气燃烧生成的火焰为能源，当有机化合物进入以氢气和氧气燃烧的火焰，在高温下产生化学电离，电离产生的离子，在高压电场的作用下形成离子流，经过高电阻（106～1011Ω）放大，成为与进入火焰的有机化合物的量成正比的电信号，因此可以根据信号的大小对有机物进行定量分析。

毛细管气相色谱仪示意图见图 11-2。

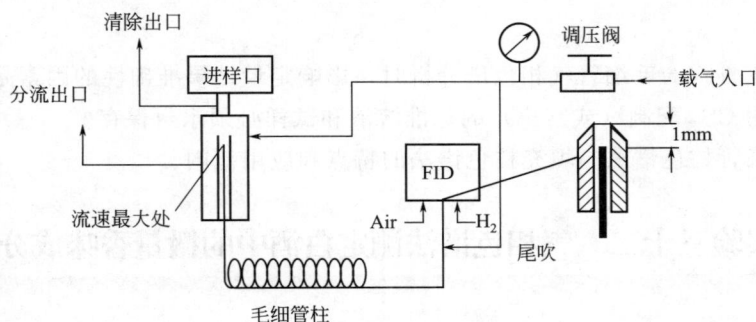

图 11-2 毛细管气相色谱仪示意图

【仪器与试剂】

1. 仪器：北分瑞利 SP3510 气相色谱仪（带 FID 检测器），分流/不分流进样器，容量瓶，移液管，梨形分液漏斗，具塞试管，PEG-20M 弹性石英毛细管色谱柱（50mm×

0.2mm）。

2. 试剂：苯，甲苯，乙苯，对二甲苯，间二甲苯，邻二甲苯。

【实验步骤】

1. 色谱条件

色谱条件：柱温箱温度 110℃；进样口温度 200℃；检测器温度 200℃；载气（N_2，99.99%）总流速 15mL·min^{-1}；分流比 40:1；尾吹气 10mL·min^{-1}；氢气流速 27.5mL·min^{-1}；空气流速 150mL·min^{-1}。

2. 标准储备液的配制

在 50mL 容量瓶中先加入少量的 CS_2，然后分别加入适量分析纯以上级别的标准物质，用 CS_2 稀释至刻度，用少量水封，摇匀后备用，配成各苯系物的标准储备液的浓度为 1mg·L^{-1}。

3. 标准曲线的绘制

取标准储备液适量，配成苯系物质量浓度分别为 10μg·L^{-1}、20μg·L^{-1}、40μg·L^{-1}、60μg·L^{-1}、80μg·L^{-1}、100μg·L^{-1} 的标准系列溶液。

4. 水样处理

用移液管量取 25mL 水样于 60mL 梨形分液漏斗中，加入 5mL CS_2，萃取 5min，静置，分层后将 CS_2 溶液转入具塞试管内，待测定。

5. 样品测定

用 1μL 微量进样器注入 0.5μL 萃取后的水样，进样测定。样品采集结束后，调出已采集的图谱，编辑报告风格，打印报告。

【数据处理】

1. 绘制各苯系物的标准曲线。

2. 样品中苯系物含量的计算。

【注意事项】

1. 进样器所取样品要避免带有气泡，以保证进样的重现性和取样精确。

2. 进样要快速插入，快速进样，快速拔出，做到稳、准、狠。

【思考题】

1. 采用分流方式的毛细管气相色谱分析时，影响定量结果准确性的因素是什么？

2. 为什么用 CS_2 配制（或富集）的标准溶液和试样必须水封保存？

3. 简述毛细管柱色谱法与填充柱色谱法的特点和应用范围。

实验三十二　气相色谱法测定白酒中的微量香味成分

【实验目的】

1. 了解毛细管气相色谱法的分离原理及应用。

2. 掌握归一化法测定白酒中的微量香味成分的原理。

【实验原理】

白酒是我国历史悠久的传统蒸馏酒。白酒的主要成分是乙醇和水（占 98%～99%），其余 1%～2%是酸、酯、醇、醛等种类众多的微量物质，而白酒的独特风味主要来源于这些微量物质。

国际上，酒类芳香成分的分析技术不断进步，鉴定出的成分已超过 1000 种。白酒中的香味成分一部分来自酿酒所采用的原料和辅料，另一部分则来自微生物的代谢产物。白酒中香味成分种类有醇类、酯类、酸类、醛酮类、缩醛类、芳香族、含氮化合物和呋喃化合物等，其中挥发性的物质可采用气相色谱法进行测定，对于挥发性极低的物质需利用液相色谱法进行测定。

实验采用归一化法测定微量香味成分的含量，将所有组分的峰面积 A_i 分别乘以它们的相对校正因子后求和，把所有出峰组分的含量之和按 100%计。采用归一化法进行定量分析的前提条件是样品中所有成分都要能从色谱柱上洗脱下来，并能被检测器检测，可按下式计算：

$$w_i = \frac{m_i}{m} = \frac{m_i}{m_1 + m_2 + \cdots + m_n} = \frac{A_i f_i}{A_1 f_1 + A_2 f_2 + \cdots + A_n f_n} \tag{11-6}$$

式中，A_1，A_2，$\cdots$，A_n 为各组分相应的峰面积；f_1，f_2，$\cdots$，f_n 为各组分相应的定量校正因子。

【仪器与试剂】

1. 仪器：北分瑞利 SP3510 气相色谱仪（配 FID 氢火焰检测器），微量进样器（10μL）。
2. 试剂：甲醇（分析纯），乙酸乙酯（分析纯），异丁醇（分析纯），异戊醇（分析纯），乙醇（分析纯），白酒。

【实验步骤】

1. 标准溶液的配制

精确吸取各一定量的甲醇、乙酸乙酯、异丁醇、异戊醇标准溶液，用乙醇稀释。

取白酒样品适量，用乙醇稀释，过 0.45μm 有机滤膜备用。

2. 色谱操作条件

色谱柱采用 Rtx-Wax 毛细管柱或其他性能类似的色谱柱，采用程序升温，初始温度 40℃（保持 3min），以 15℃·min⁻¹ 升至 200℃（保持 2min），进样口温度 220℃，检测器（FID）温度 220℃，氮气流速 30mL·min⁻¹，空气流速 400mL·min⁻¹，氢气流速 40mL·min⁻¹，进样量 0.2μL。

3. 气相色谱仪基本操作

（1）根据分析任务选择并安装合适的色谱柱，依次打开 N_2、空气、H_2 钢瓶（或气体发生器），减压阀调节为 0.4MPa，H_2 和空气调至 0.3MPa。

（2）开稳压电源、仪器电源、电脑电源。

（3）电脑启动后，待仪器自检完毕，点击 BF-3000 图标，进入色谱工作站。点击"通讯"，然后"联机"。

（4）联机成功后点击"方法配置"，选择需要的注样器和检测器类型。

（5）创建新方法。根据分析方法要求设置注样器、柱箱、检测器、色谱柱等模块的基本参数。

（6）设置完成后保存方法，打开已保存方法点击方法下载，工作站将方法文件中的参数下发到气相色谱仪，色谱仪按照各个参数开始升温，此时色谱仪的状态灯为黄灯常亮，表示仪器温度未就绪。

（7）待气相色谱仪温度达到设定温度后，状态灯变为绿灯常亮，表示各加热区温度已达到设定温度。FID检测器需要点火，单击检测器菜单下的点火键。可用玻璃在检测器出口处查看是否有水汽来确认点火是否成功。

4. 进样

快速进样，开始采集，待数据采集完成后，进行离线解析数据处理。

5. 校正因子的测定

根据各峰的保留时间 t_R 和峰面积，重复进样 3 次，以公式求算出各组分的校正因子。

6. 样品溶液的配制

取白酒样品适量，用乙醇稀释，过 $0.45\mu m$ 有机滤膜备用。

7. 样品溶液的测定

用微量进样器吸取样品溶液注入色谱仪内，记录各峰的保留时间 t_R 和峰面积，对照比较标准溶液与样品溶液的 t_R，确定样品中组分的位置，重复 3 次。由平均值根据归一化法计算各组分的含量。

8. 实验完成后关机降温

关闭氢气发生器、空气源等设备，然后将注样器、柱箱和检测器的温度设定为 $30^\circ C$，柱箱降到 $40^\circ C$ 以下时，关闭色谱电源，再关闭氮气总阀。

【数据处理】

实验数据记录见表 11-1。

表 11-1　标准溶液校正因子的计算

编号	名称	保留时间	峰面积	校正因子	含量
1	甲醇				
2	乙酸乙酯				
3	异丁醇				
4	异戊醇				

【注意事项】

1. 在使用微量进样器时，要注意不要将进样器的针芯完全拔出，以防止损坏进样器。

2. 取样前用溶剂反复洗针，再用待分析样品润洗 2～5 次，以避免样品间的相互干扰。

【思考题】

1. 归一化法测定物质含量有哪些优缺点？

2. 简述气相色谱仪常见的检测器有哪些类型，各自有何特点。

3. 进样速度慢会产生什么影响？

实验三十三　气相色谱法快速测定各种常规气体

【实验目的】

1. 进一步熟悉气相色谱分离的基本原理及其规律。

2. 掌握气相色谱法气体进样的方法及注意事项。

3. 熟悉气相色谱仪的构造并掌握其基本操作。

【实验原理】

气体分析是气相色谱的一个很重要的应用领域，非常方便快捷，主要用于石油、大气、矿井气体的监测及一些香料香气的检测。本实验采用气相色谱仪对各种常规气体如 O_2、N_2、CO、CO_2、CH_4、H_2O 进行分离。

对这些气体样品的分析一般采用气-固色谱法，其原理是利用色谱柱中填充的固体吸附剂对样品中各组分的吸附、解吸能力的不同，从而使各组分得以分离。常通过吸附等温线来描述气体样品在吸附剂上的浓度与其在载气中浓度的比值，浓度较低时，吸附剂上气体样品的浓度随其在气相中浓度的增加而线性增加。

【仪器与试剂】

1. 仪器：气相色谱仪（带气体进样阀），玻璃填充柱 3m×4mm，TDX-01 活性炭吸附剂（固定相），TCD 检测器。

2. 试剂：各种气体，气体混合样。

【实验步骤】

1. 基本操作

（1）打开气体发生器，打开仪器电源，打开 GC4000A 工作站。

（2）设定柱温箱、进样口、检测器温度（在控制面板设定），设定步骤如下：①根据仪器面板提示，按"下页"键继续；②定点温度控制栏，根据光标提示设定温度，按上下键设定，最后按"确认"键，仪器开始升温；③如果进行程序升温，在下一页程序升温表进行设定，根据光标提示进行设定之后，最后按"确认"键。

（3）调节电桥输入。

（4）设置采样的方法文件，进样后，点击启动 B。

（5）进样测定时，B 通道对应 TCD 检测器。

（6）采集完成后，进行数据处理。

2. 色谱条件

进样阀：气体进样阀，定量体积 5mL。进样口温度 150℃，不分流进样；载气流量 2.0mL·min^{-1}。柱温箱：初始温度 40℃；升温速率 12℃·min^{-1}；终温 60℃，保持 5min。检测器温度 150℃；参比气流速（H_2）30mL·min^{-1}；尾吹气流速（H_2）2mL·min^{-1}。

3. 样品测定

待仪器平衡后，以此条件检测各种气体，分析每种气体的保留时间并填在表 11-2 中。

【数据处理】

用峰面积归一化法计算混合物中各组分的百分比含量，记录在表 11-2 中。

表 11-2 各种气体的保留时间

项目	O_2	N_2	CO	CO_2	CH_4
t_R					

【思考题】

1. 用气相色谱法分析气体，在实际操作时应注意哪些？

2. 怎样改善实验中出现的色谱峰拖尾的现象？

实验三十四　气相色谱法测定蔬菜中有机磷农药残留量

【实验目的】

1. 掌握气相色谱仪的工作原理及使用方法。
2. 学习气相色谱法测定食品中有机磷农药残留量的过程。

【实验原理】

有机磷农药是一类重要的杀虫剂，具有广谱、高效、易降解等特性。在我国，有机磷农药的使用量占总农药使用量的一半以上，其具有一定的残留活性，通过食物等途径进入人体，对人类健康造成潜在的威胁，并造成生态环境的污染。

蔬菜中残留的有机磷农药经有机溶剂提取并经净化、浓缩后，进入气相色谱仪分离检测。当含有机磷的试样在 FPD 检测器的富氢焰上燃烧时，以 HPO 碎片形式发射出波长为 526nm 的特征光，这种光经检测器的单色器（滤光片）将非特征光谱滤除后，由光电倍增管接收，产生电信号而被检出。

【仪器与试剂】

1. 仪器：安捷伦 GC6890 气相色谱仪（带火焰光度检测器 FPD）或其他型号，微量进样器 $10\mu L$，电动振荡器，组织捣碎机，旋转蒸发仪，具塞锥形瓶，具塞刻度试管。
2. 试剂：敌敌畏等有机磷农药标准品，二氯甲烷（分析纯），丙酮（分析纯），活性炭，中性氧化铝（分析纯），硫酸钠（分析纯）（无水硫酸钠需在 700℃灼烧 4h 后备用，中性氧化铝需在 550℃灼烧 4h 后备用）。

【实验步骤】

1. 标准溶液的配制

分别准确称取有机磷农药标准品敌敌畏、乐果、马拉硫磷、对硫磷、甲拌磷、倍硫磷、稻瘟净、杀螟硫磷及虫螨磷等各 10.0mg（标样数量可根据需要选择其中几种），用苯（或三氯甲烷）溶解并稀释至 100mL，放在 4℃冰箱中保存待用。临用时用二氯甲烷稀释为使用液，使其浓度分别相当于 $1.0\mu g \cdot mL^{-1}$ 敌敌畏、乐果、马拉硫磷、对硫磷、甲拌磷，$2.0\mu g \cdot mL^{-1}$ 倍硫磷、稻瘟净、杀螟硫磷及虫螨磷。

2. 样品处理

取适量蔬菜擦净，去掉不可食部分后称取蔬菜试样，于组织捣碎机中打成匀浆。称取 10.0g 混匀的试样，置于 250mL 具塞锥形瓶中。加 30～100g 无水硫酸钠脱水，加 0.2～0.8g 活性炭脱色。再加 70mL 二氯甲烷，振摇 0.5h，过滤。然后，量取滤液 35mL，于通风柜中自然挥发至近干，用二氯甲烷少量多次研洗残渣，移入 10mL 具塞刻度试管中，并定容至 2mL，过 $0.45\mu m$ 膜，备用。

3. 色谱条件

色谱柱为农残专用柱 TM-Pesticides 或其他性能类似的色谱柱，进样器温度 250℃，检测器温度 250℃，采用程序升温；初始温度 130℃保持 9min，以 20℃ · min^{-1} 升温至 200℃，保持 5min，再以 20℃ · min^{-1} 的速度升温至 240℃保持 5min，氮气流速 80mL ·

min^{-1}，空气流速 $160mL \cdot min^{-1}$，氢气流速 $160mL \cdot min^{-1}$，分流比 20∶1。

4. 标准曲线的绘制

将有机磷农药标准溶液 $0.2 \sim 1\mu L$ 分别注入气相色谱仪中，记录各峰保留时间 t_R 和色谱峰面积，重复 3 次，根据浓度和峰面积绘制不同有机磷农药的标准曲线。

5. 样品的测定

取试样溶液 $0.2 \sim 1\mu L$ 注入气相色谱仪中，记录峰面积，平行测定 3 次。

【数据处理】

1. 标准曲线的绘制

根据浓度和峰面积绘制不同有机磷农药的标准曲线，并求出回归方程，由标准曲线计算试样中有机磷农药的含量。按下式计算：

$$X = \frac{A}{m \times 1000} \tag{11-7}$$

式中，X 为试样中有机磷农药的含量，$mg \cdot kg^{-1}$；A 为进样体积中有机磷农药的质量，由标准曲线中查得，ng；m 为与进样体积（μL）相当的试样质量，g。

计算结果保留两位有效数字。

2. 蔬菜中有机磷农药残留量的含量测定。

【注意事项】

1. 方法采用毒性较小且价格较为便宜的二氯甲烷作为提取试剂。

2. 有些稳定性差的有机磷农药如敌敌畏，因稳定性差且易被色谱柱中的担体吸附，通过采用降低操作温度的方法来克服上述困难。

【思考题】

1. 试述电子捕获检测器及火焰光度检测器的原理及适用范围。

2. 如何检验该实验方法的准确度？如何提高检测结果的准确度？

第 12 章
高效液相色谱法

12.1 基本原理

液相色谱法（liquid chromatography，LC）是以液体为流动相的色谱方法。高效液相色谱法（high performance liquid chromatography，HPLC）是在经典液相色谱法的基础上，以高压下的液体为流动相，并采用颗粒极细的高效固定相的柱色谱分离方法，在技术上采用高压泵、高效柱和高灵敏度检测器，具有分离速度快、分离效率高、灵敏度高、操作自动化等特点。

高效液相色谱对样品的适用性广，不受分析对象挥发性和热稳定性的限制，在目前已知的有机化合物中，可用气相色谱分析的约占 20％，而 80％则需用高效液相色谱来分析。高效液相色谱应用领域广泛，如可用于氨基酸、多糖、高聚物、农药、抗生素、胆固醇等成分的分析。

液相色谱分离系统由固定相和流动相组成，固定相可以是固体或液体，流动相是液体。高效液相色谱分离的实质是溶于流动相中的各组分经过固定相时，由于与固定相发生作用（吸附、分配、离子吸引、排阻、亲和）的强弱不同，在固定相中的滞留时间不同，从而先后从固定相中流出。根据分离机制不同，液相色谱可分为液-固吸附色谱法、液-液分配色谱法、化学键合相色谱法、离子色谱法以及分子排阻色谱法（也称凝胶渗透色谱法，简称凝胶色谱法）五种主要类型。

不同组分在色谱过程中的分离情况首先取决于各组分在两相间的分配系数、吸附能力、亲和力等是否有差异，这是热力学平衡问题，也是分离的首要条件。其次，当不同组分在色谱柱中运动时，谱带与柱长展宽、分离情况与两相之间的扩散系数、固定相粒度的大小、柱的填充情况以及流动相的流速等有关。所以分离最终效果是热力学与动力学两方面的综合效益。

液相色谱分析的目的是对化学物质进行定量、定性分析，液相色谱是根据色谱图上色谱峰的保留时间和该色谱峰在检测器上的响应强度，对该色谱峰进行定性和定量分析。一般在相同的色谱条件下，不同分配系数的物质流出色谱柱的时间不同，在检测器得到的响应，表现为出峰时间不一致，同一组分保留时间一致，根据这一特性，可以分离不同的有机化合物。常用的定性方法有保留时间法、标准加入法、保留指数法、联用法等；常用的定量方法有外标法、内标法、归一化法。

12.2 仪器结构

以液体为流动相的色谱分析仪器称液相色谱仪。具有高效色谱柱、高压泵、高灵敏度检测器等装置的液相色谱称为高效液相色谱仪。高效液相色谱仪从仪器功能上分为分析型、制备型、半制备型等。其主要结构为：高压输液系统、分离系统、进样系统和检测系统。此外还配有辅助装置：梯度淋洗装置、自动进样装置及数据分析等。高效液相色谱分析的流程：由高压泵将储液罐中的流动相吸入色谱系统，然后输出，导入进样器，被测物由进样器注入，并随流动相通过色谱柱，在色谱柱上进行分离后进入检测器，检测信号由数据处理设备采集与处理，并记录色谱图，废液流入废液瓶。图 12-1 为高效液相色谱仪的结构示意图。

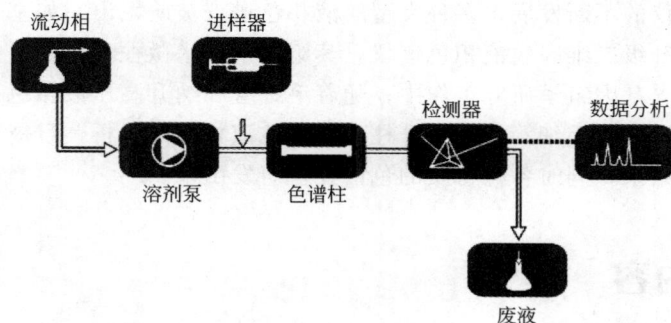

图 12-1　高效液相色谱仪结构示意图

12.2.1 高压输液系统

高压输液系统包括流动相、高压输液泵、梯度洗脱装置等。流动相在使用前需用滤膜（$0.22\mu m$ 或 $0.45\mu m$）除去溶剂中的杂质，流动相在使用前必须进行脱气处理，以除去其中溶解的气体，防止产生气泡而使高压输液泵的压力出现波动。高压输液泵是 HPLC 系统中最重要的部件之一，它将流动相输入到色谱柱，使样品在色谱柱中完成分离过程，泵的性能好坏直接影响到整个系统的质量和分析结果的可靠性，泵压力不稳一般是由流动相有气泡、单向阀及在线过滤器堵塞等原因引起的。

12.2.2 色谱分离系统

色谱柱是色谱系统的心脏，对色谱柱的要求是柱效高、选择性好、分析速度快等。目前用于 HPLC 的各种微粒填料如多孔硅胶以及以硅胶为基质的键合相、氧化铝、有机聚合物微球（包括离子交换树脂）、多孔碳等，其粒度一般为 $3\mu m$、$5\mu m$、$7\mu m$、$10\mu m$ 等。为控制样品在分析过程的解离，常用缓冲液控制流动相的 pH 值。但 C_{18} 和 C_8 使用的 pH 值通常为 $2\sim8$，太高的 pH 值使硅胶溶解，太低的 pH 值会使键合的烷基脱落。目前新的色谱柱耐酸碱度为 $pH=1.5\sim10$。

12.2.3 进样系统

进样系统是将待分析样品引入色谱柱的装置。HPLC 进样系统会直接影响分析测试结果的稳定性及数据的准确度，进样装置要求：密封性好、死体积小、重复性好。HPLC 进样方式一般分为阀进样（六通阀进样）和自动进样（用于大量样品）。

12.2.4　检测系统

检测器是 HPLC 仪的三大关键部件（高压输液泵、色谱柱、检测器）之一。其作用是把洗脱液中组分的质量浓度转变为电信号。HPLC 的检测器要求灵敏度高、噪声低（即对温度、流量等外界变化不敏感）、线性范围宽、重复性好和适用范围广。在 HPLC 中，有两种基本类型的检测器。一类是专用型检测器，它仅对被分离组分的物理或化学特性有响应，主要有紫外、荧光、电化学检测器等。另一类是通用性检测器，它对试样和洗脱液总的物理或化学性质有响应，属于这类检测器的有蒸发光散射检测器、示差折光检测器等。

随着液相色谱仪的不断发展，多种类型的液相色谱仪被研发出，如基于二维及多维液相色谱仪发展出的纳升级二维高效液相色谱仪，其组合了纳米微柱和二维液相色谱技术，可直接用于蛋白质组学、基因组学研究工作中；随着毛细管和纳升高压液相色谱仪的发展，高效液相色谱仪可进行微柱、毛细管柱和纳升柱三种微柱液相色谱分析，且极大地提高了峰容量并能够更快地获得结果，同时各种材质的色谱柱被研发出来。

12.3　实验内容

实验三十五　高效液相色谱法测定咖啡因含量

【实验目的】

1. 认识高效液相色谱仪的结构，掌握高效液相色谱仪的基本操作。
2. 理解反相色谱的原理及应用。
3. 掌握外标法定量。

【实验原理】

咖啡因又称咖啡碱，属黄嘌呤衍生物，是从茶叶或咖啡中提取而得的一种生物碱。咖啡因具有提神醒脑等刺激中枢神经的作用，临床上用于治疗神经衰弱和昏迷复苏。但长期或大剂量使用会对人体造成损伤，且易上瘾，GB 2760－2014《食品安全国家标准　食品添加剂使用标准》中规定，在食品行业中，我国仅允许咖啡因加到可乐型饮料中，限量为 $0.15 \mathrm{g \cdot kg^{-1}}$。

在化学键合相色谱法中，对于亲水性固定相常用疏水性的流动相，即流动相的极性小于固定相的极性，这种情况称为正向化学键合色谱法。反之，若流动相的极性大于固定相的极性，则称为反相化学键合色谱法，该方法目前的应用最为广泛。本实验采用反相色谱法，以 C_{18}（ODS）色谱柱为固定相分离饮料中的咖啡因，紫外检测器进行检测，保留时间定性，以系列标准溶液的色谱峰面积对其浓度作标准曲线，再根据样品中相应的峰面积，由标准曲线计算出其浓度。

【仪器与试剂】

1. 仪器：高效液相色谱仪（北分瑞利 SY-9100 或 Waters 2695 型），容量瓶，$0.45\mu m$ 滤膜，超声波清洗仪。

2. 试剂：甲醇（色谱纯），超纯水，咖啡因（分析纯），市售可乐。

【实验步骤】

1. 标准溶液的配制

标准储备液：配制含咖啡因 $1000\mu g \cdot mL^{-1}$ 的甲醇溶液，备用。

标准工作液：用上述储备液配制含咖啡因 $20\mu g \cdot mL^{-1}$、$40\mu g \cdot mL^{-1}$、$80\mu g \cdot mL^{-1}$、$160\mu g \cdot mL^{-1}$、$320\mu g \cdot mL^{-1}$ 的甲醇溶液，备用。

2. 流动相的配制

分别将甲醇、水过膜及超声进行脱气。

3. 色谱条件

色谱柱：Kromasil C_{18} 色谱柱（$5\mu m$，$4.6mm \times 250mm$）或其他性能相似的色谱柱，采取等度洗脱。流动相为甲醇：水＝60：40，紫外检测器检测，检测波长为 254nm，流速为 $1.0mL \cdot min^{-1}$，进样体积为 $10\mu L$。

4. 样品的处理

取一定量的可乐稀释后过针式滤膜。

5. 仪器预热

按仪器说明书依次打开高效液相色谱仪的主机、紫外检测器、电脑电源、预热 30min，打开软件设定仪器方法，设定流速并检查基线是否正常。

6. 进样分析

当基线稳定后，先将标准工作液按浓度从低到高的顺序注入色谱仪内，然后进样品，记录各峰的保留时间 t_R 和峰面积，对照比较标准溶液与样品溶液的 t_R，确定样品中组分的位置，由外标法计算各组分的含量。

7. 结束工作

所有样品分析完毕后，冲洗色谱柱 30min，关闭仪器。

【数据处理】

1. 在样品的色谱图上指明相应的色谱峰，记录保留时间。

2. 计算可乐中咖啡因的含量。

【注意事项】

1. 液体样品不能直接进样，必须经过处理才能进样，否则会影响色谱柱的寿命。

2. 样品和标准溶液的进样量需保持严格一致。

3. 标准溶液进样时，其溶液浓度由低到高依次进样。

【思考题】

1. 根据咖啡因的结构，咖啡因选用正相色谱法还是反相色谱法？

2. 用标准曲线法定量的优点、缺点是什么？

3. 若标准曲线用咖啡因质量浓度对峰高作图，能给出准确结果吗？

实验三十六　高效液相色谱法测定饮料中的防腐剂

【实验目的】

1. 了解高效液相色谱仪的结构，掌握高效液相色谱仪的基本操作。
2. 理解反相色谱的原理及应用。
3. 掌握外标法定量。

【实验原理】

苯甲酸、山梨酸是我国常用的食品防腐剂，广泛存在于食品、饮料等许多方面，其主要作用是防止由微生物的活动而引起的食品变质。由于苯甲酸、山梨酸对人和动物存在一定的毒害性，大量使用此类防腐剂会危害人体健康，GB 2760—2014《食品安全国家标准　食品添加剂使用标准》中规定，苯甲酸、山梨酸在酱油、醋中的最大使用量为 $1000\mu g \cdot mL^{-1}$，酒中为 $400\mu g \cdot mL^{-1}$，碳酸饮料中为 $200\mu g \cdot mL^{-1}$，咖啡中为 $1000\mu g \cdot mL^{-1}$。苯甲酸、山梨酸一般以苯甲酸钠、山梨酸钾的形式存在，其盐易溶于水、醇溶液中，在接近中性（$pH=6.0\sim6.5$）条件下有较好的杀菌性，其结构如图 12-2 所示。

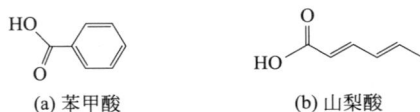

(a) 苯甲酸　　　　(b) 山梨酸

图 12-2　苯甲酸、山梨酸结构图

苯甲酸、山梨酸为弱极性化合物，可选用非极性 C_{18}（ODS）色谱柱为固定相，甲醇水溶液为流动相，即可用反相 HPLC 体系分离样品中的苯甲酸、山梨酸，紫外检测器在 230nm 波长下进行检测，保留时间定性，以系列标准溶液的色谱峰面积对其浓度作标准曲线，再根据样品中相应的峰面积，由标准曲线计算出其浓度。

【仪器与试剂】

1. 仪器：高效液相色谱仪（北分瑞利 SY-9100 或其他型号），容量瓶，$0.45\mu m$ 滤膜，天平，pH 试纸，容量瓶。
2. 试剂：甲醇（色谱纯），乙酸铵，氨水，超纯水，苯甲酸（分析纯），山梨酸（分析纯），市售饮料。

【实验步骤】

1. 标准溶液的配制

标准储备液：分别称取苯甲酸、山梨酸各 0.1000g，用水溶解并定容至 100mL，标准储备液浓度为 $1000\mu g \cdot mL^{-1}$。

标准混合工作液：分别准确移取苯甲酸、山梨酸标准储备液 10mL 加入 50mL 容量瓶中，用水定容至刻度，此溶液的浓度为 $200\mu g \cdot mL^{-1}$；将浓度为 $200\mu g \cdot mL^{-1}$ 的标准混合工作液配制成 $20\mu g \cdot mL^{-1}$、$40\mu g \cdot mL^{-1}$、$60\mu g \cdot mL^{-1}$、$80\mu g \cdot mL^{-1}$、$100\mu g \cdot mL^{-1}$ 混合标样系列。

2. 流动相的配制

$0.02mol \cdot L^{-1}$ 乙酸铵溶液：称取 1.54g 乙酸铵用超纯水溶解并在 1000mL 容量瓶中定

容至刻度线，调节 pH 值为 6.0，经滤膜过滤及脱气，甲醇过滤脱气。

3. 色谱测定条件

色谱柱为 Kromasil C_{18} 色谱柱（5μm，4.6mm×250mm）或其他性能类似的色谱柱，采取等度洗脱，流动相为甲醇：0.02mol·L^{-1} 乙酸铵＝15：85 的溶液，紫外检测器检测波长为 230nm，流速为 1.0mL·min^{-1}，柱温为 30℃，进样体积为 10μL。

4. 样品的处理

称取样品 10.00g（如果饮料中含乙醇，需加热除去样品中的乙醇）于 25mL 容量瓶中，用氨水调节 pH 至中性，用水定容至刻度线，摇匀，经滤膜过滤，滤液待上机分析。

5. 仪器预热

按仪器说明书依次打开高效液相色谱仪的主机、紫外检测器、电脑电源，预热 30min，打开软件设定仪器方法，设定流速并检查基线是否正常。

6. 进样分析

当基线稳定后，先将标准品按浓度从低到高的顺序注入色谱仪内，然后进样品，记录各峰的保留时间 t_R 和峰面积，对照比较标准溶液与样品溶液的 t_R，确定样品中组分的位置，由外标法计算各组分的含量。

7. 结束工作

所有样品分析完毕后，冲洗色谱柱 30min，关闭仪器。

【数据处理】

1. 在样品的色谱图上指明相应的色谱峰，记录保留时间。

2. 计算饮料中苯甲酸、山梨酸的含量，填入表 12-1 中。

表 12-1　苯甲酸和山梨酸测定结果

编号	名称	保留时间	峰面积	含量
1	苯甲酸			
2	山梨酸			

【注意事项】

1. 尽量使用高纯度试剂作为流动相，防止损伤色谱柱和检测器。

2. 样品溶液进样前需调节 pH 值至中性。

3. 实验完毕后，必须冲洗色谱柱。

【思考题】

1. 流动相中加入乙酸铵的作用是什么？

2. 用标准曲线法定量的优点、缺点是什么？

3. 如何确定饮料中含有哪种防腐剂？

实验三十七　高效液相色谱法测定对羟基苯甲酸酯类化合物

【实验目的】

1. 熟悉和掌握高效液相色谱仪的结构。

2. 了解反相色谱的特点，掌握外标法测定的原理与方法。

3. 掌握高效液相色谱法测定对羟基苯甲酸酯类化合物的原理和方法。

【实验原理】

对羟基苯甲酸酯（尼泊金酯）是一类低毒高效防腐剂，已广泛应用于食品、饮料、化妆品、医药等许多方面，仅在化妆品行业我国每年的需求量就达 50t 以上。尼泊金乙酯、尼泊金丙酯也是世界上用量较大的防腐剂，它具有高效、低毒、广谱等优点。对羟基苯甲酸酯类除对真菌有效外，由于它具有酚羟基结构，抗菌性能比苯甲酸、山梨酸都强，防腐效果不易随 pH 值的变化而变化。由于对羟基苯甲酸酯类化合物对人和动物存在一定的毒害性，大量使用此类防腐剂危害人体健康，我国对食品中此类防腐剂的添加量作出了相应的限制。

本实验采用反相液相色谱法，以 C_{18} 键合相色谱柱分离样品中的对羟基苯甲酸酯类化合物，由紫外检测器进行检测，保留时间定性，以系列标准溶液的色谱峰面积对其浓度作标准曲线，再根据样品中相应的峰面积，由标准曲线计算出其浓度。

【仪器与试剂】

1. 仪器：高效液相色谱仪（北分瑞利 SY-9100 型），色谱柱，容量瓶，移液管，小烧杯，$0.45\mu m$ 滤膜，注射器。

2. 试剂：甲醇（色谱纯），纯水（由超纯水机制得），含未知浓度的对羟基苯甲酸酯类的混合溶液。

【实验步骤】

1. 标准品的配制

标准储备液的配制：配制含浓度为 $1000\mu g \cdot mL^{-1}$ 的对羟基苯甲酸甲酯、对羟基苯甲酸丙酯的混合标准溶液为储备液，备用。

将标准储备液配制成含对羟基苯甲酸甲酯和对羟基苯甲酸丙酯均为 $20\mu g \cdot mL^{-1}$、$40\mu g \cdot mL^{-1}$、$60\mu g \cdot mL^{-1}$、$80\mu g \cdot mL^{-1}$、$100\mu g \cdot mL^{-1}$ 的混合标准溶液，装入样品瓶中备用。

2. 流动相的配制

分别用 $0.45\mu m$ 滤膜过滤甲醇及超纯水，过滤后用超声波清洗仪脱气 $10\sim20min$。

3. 色谱条件

色谱柱为 Kromasil C_{18} 色谱柱（$5\mu m$，$4.6mm\times250mm$）或其他性能相似的色谱柱，采用等度洗脱，流动相为甲醇∶水＝80∶20 的溶液，紫外检测器检测，检测波长为 254nm，流速为 $1.0mL \cdot min^{-1}$，柱温为 $30℃$，进样体积为 $10\mu L$。

4. 样品的处理

移取一定量的样品过针式滤膜。

5. 仪器预热

按仪器说明书依次打开高效液相色谱仪的主机、紫外检测器、色谱工作站的电源。打开色谱工作站，建一个运行方法，启动输液泵，启动工作站，观察基线情况。

6. 进样分析

当基线稳定后，用 $50\mu L$ 平头微量注射器取样品 $20\mu L$，将进样阀柄置于"Load"位置，分别注入对羟基苯甲酸甲酯、对羟基苯甲酸丙酯标准溶液，将进样阀柄转到"Inject"位置，按采样按钮开始记录，待所有的色谱峰流出完毕后停止采样，在工作站中对图谱进行积分，记录各标准溶液和样品的保留时间及峰面积。

7. 结束工作

所有样品分析完毕后，使用甲醇或者乙腈对色谱柱进行冲洗，直至泵压稳定（避免管路中进气泡，如有气泡，打开输液泵的排液阀将气泡排除）。色谱柱冲洗完成后，断开系统配置。关闭软件。手动按色谱柱前面板"STOP"键，停止色谱柱运行。关闭紫外检测器、输液泵、柱温箱后的电源开关。根据相关规定处理废液并整理实验台。

【数据处理】

1. 在样品的色谱图上指明相应的色谱峰，记录保留时间。

2. 根据混合标准溶液的色谱图绘制峰面积-浓度标准曲线，并计算斜率 k、截距 b 及相关系数 r。测定结果见表 12-2。

表 12-2 对羟基苯甲酸酯类测定结果

编号	名称	保留时间	峰面积	含量
1	对羟基苯甲酸甲酯			
2	对羟基苯甲酸丙酯			

【注意事项】

1. 进样前吸入样品的微量注射器需排气泡。

2. 实验完毕后，色谱柱需保存在甲醇溶液中。

【思考题】

1. 若实验中的色谱峰无法完全分离，如何改善实验条件？

2. 高效液相色谱仪由哪几大部分组成？

实验三十八 高效液相色谱法测定食品中苏丹红染料

【实验目的】

1. 熟悉和掌握高效液相色谱仪的结构。

2. 理解反相液相色谱的特点及应用。

3. 掌握高效液相色谱法测定苏丹红染料的原理和方法。

【实验原理】

苏丹红是一种人工合成的工业染料，并非食品添加剂，主要用于石油、机油及其他工业溶剂中使其增色以及用于鞋、地板等的增光，又名"苏丹"。由于其颜色鲜艳，目前被非法添加到火锅底料、辣椒面及腊肉等食品中。苏丹红染料含有一种叫萘的化合物，该物质具有偶氮结构，由于这种化学结构的性质决定了它具有致癌性，对人体的肝肾器官具有明显的毒性作用。苏丹红为亲脂性化合物，主要包括苏丹红Ⅰ、苏丹红Ⅱ、苏丹红Ⅲ、苏丹红Ⅳ 4种类型，其中苏丹红Ⅱ、苏丹红Ⅲ、苏丹红Ⅳ均为苏丹红Ⅰ的化学衍生物，结构示意图如图12-3 所示。

苏丹红不溶于水，易溶于有机溶剂，待测样品经有机溶剂提取，经浓缩及氧化铝萃取净

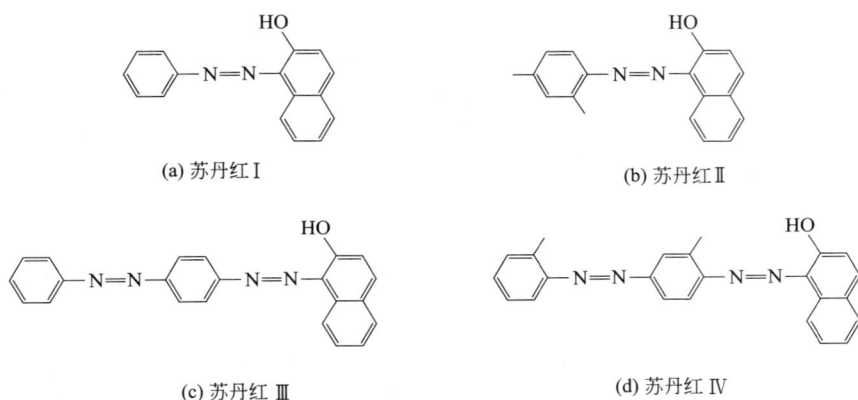

(a) 苏丹红Ⅰ

(b) 苏丹红Ⅱ

(c) 苏丹红Ⅲ

(d) 苏丹红Ⅳ

图 12-3　苏丹红结构图

化，以 C_{18} 键合色谱柱分离样品中的苏丹红染料，因不同的苏丹红染料有不同的最大吸收波长，因此采用二极管阵列检测器进行检测，采用外标法确定待测样中苏丹红染料的含量。

【仪器与试剂】

1. 仪器：高效液相色谱仪（配二极管阵列检测器），色谱柱，容量瓶，$0.45\mu m$ 滤膜，十万分一天平，氧化铝色谱柱，旋转蒸发仪，烧杯。

2. 试剂：乙腈（色谱纯），丙酮（色谱纯），甲酸，正己烷，乙醚，超纯水为分析纯，标准物质：（苏丹红Ⅰ、苏丹红Ⅱ、苏丹红Ⅲ、苏丹红Ⅳ），火锅底料。

【实验步骤】

1. 标准溶液的配制

标准储备液：分别称取苏丹红Ⅰ、苏丹红Ⅱ、苏丹红Ⅲ、苏丹红Ⅳ各 10.0mg，用乙醚溶解后用正己烷定容至 100mL，标准储备液浓度为 $100\mu g \cdot mL^{-1}$。

标准混合工作液：分别准确移取 0.2mL、0.4mL、0.6mL、0.8mL、1.0mL 标准储备液；用正己烷定容至 10mL，此系列标准浓度为 $2\mu g \cdot mL^{-1}$、$4\mu g \cdot mL^{-1}$、$6\mu g \cdot mL^{-1}$、$8\mu g \cdot mL^{-1}$、$10\mu g \cdot mL^{-1}$，绘制标准曲线。

2. 流动相的配制

流动相 A：移取 0.85mL 的甲酸和 850mL 的水混匀，加入 150mL 的乙腈混匀后制成0.1%甲酸水溶液：乙腈＝85：15 的溶液。

流动相 B：移取 0.8mL 的甲酸和 800mL 的乙腈混匀，加入 200mL 的丙酮混匀后制成0.1%甲酸的乙腈溶液：丙酮＝80：20 的溶液。

3. 色谱测定条件

色谱柱为 Kromasil C_{18} 色谱柱（$5\mu m$，4mm×250mm）或其他性能相似的色谱柱，采取梯度洗脱，梯度条件为 0～10min 75% B，25min 100% B，二极管阵列检测器检测，苏丹红Ⅰ检测波长为 478nm，苏丹红Ⅱ、苏丹红Ⅲ、苏丹红Ⅳ检测波长为 520nm，流速为 $1.0mL \cdot min^{-1}$，柱温为 30℃，进样体积为 $10\mu L$。

4. 样品的处理

称取 1.00g 样品于烧杯中，加入 2～4mL 正己烷溶解，加入氧化铝色谱柱中，加入正己烷洗涤至流出的液体无色为止，弃去全部正己烷淋洗液，用含 5%丙酮的正己烷液体洗脱，收集、浓缩后，用丙酮转移并定容至5mL，经 $0.45\mu m$ 滤膜过滤后待测。

5. 仪器预热

按仪器说明书依次打开高效液相色谱仪的主机、二极管阵列检测器、电脑电源，预热30min，打开软件设定仪器方法，设定流速并检查基线是否正常。

6. 进样分析

当基线稳定后，先将标准溶液按浓度从低到高的顺序注入色谱仪内，然后进样品，记录各峰的保留时间 t_R 和峰面积，对照比较标准溶液与样品溶液的 t_R，确定样品中组分的位置，由外标法计算各组分的含量。

7. 结束工作

所有样品分析完毕后，冲洗色谱柱30min，关闭仪器。

【数据处理】

1. 记录 HPLC 的色谱条件。

2. 记录标准溶液及样品溶液中苏丹红的保留时间及峰面积。

3. 用软件绘制苏丹红的标准曲线，计算待测物中苏丹红的质量浓度。结果记录见表12-3。

表 12-3　苏丹红测定结果记录

编号	名称	保留时间	峰面积	含量
1	苏丹红Ⅰ			
2	苏丹红Ⅱ			
3	苏丹红Ⅲ			
4	苏丹红Ⅳ			

【注意事项】

1. 流动相使用前需过 $0.45\mu m$ 滤膜及超声脱气。

2. 进样前需平衡色谱柱。

3. 实验完毕后，必须冲洗柱子。

【思考题】

1. 高效液相色谱仪由哪几部分组成？

2. 二极管阵列检测器与紫外检测器有何区别？

3. 若实验中的色谱峰无法完全分离，应该如何改善实验条件？

实验三十九　离子色谱法测定水中常见阴离子

【实验目的】

1. 掌握离子色谱法分析的基本原理。

2. 了解离子色谱仪的基本组成及离子色谱仪的使用方法。

3. 掌握利用离子色谱仪测定水体中常见阴离子含量的方法。

【实验原理】

离子色谱法是用离子交换原理和液相色谱技术相结合来测定样品中阳离子和阴离子的一

种分离分析方法。在溶液中能够电离的物质都可以用离子色谱法进行分离。离子交换色谱（ion exchange chromatography，IEC）以离子交换树脂为固定相，树脂上具有固定离子基团及可交换的离子基团。当流动相带着电离生成的离子通过固定相时，组分离子与树脂上可交换的离子基团进行可逆变换，根据组分离子对树脂亲和力的不同得到分离。离子色谱由淋洗液、泵、色谱柱、进样阀、抑制器及检测器等组成，其结构示意如图 12-4 所示。

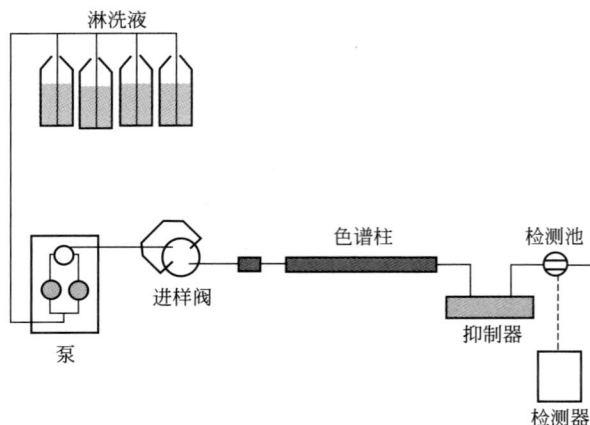

图 12-4　离子色谱结构示意图

地表水、地下水、饮用水等环境水样中阴离子主要有 F^-、Cl^-、NO_3^-、SO_4^{2-}，本实验以 KOH 为淋洗液，用阴离子分析柱进行分离，被分离开的样品离子和淋洗液进入抑制器，发生如下反应：

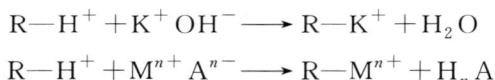

$$R—H^+ + K^+OH^- \longrightarrow R—K^+ + H_2O$$
$$R—H^+ + M^{n+}A^{n-} \longrightarrow R—M^{n+} + H_nA$$

式中，R 为离子交换树脂的固定相；OH^- 为淋洗离子；A^{n-} 为待测阴离子；M^{n+} 为样品中配对的阳离子。

淋洗液由 K^+OH^- 变成水，降低了背景电导值，样品离子由 $M^{n+}A^{n-}$ 变成酸 H_nA，增加了电导值，从而提高了测定的灵敏度。变成酸的样品离子经过电导检测器检测并与标准品进行对照，利用保留时间进行定性分析，利用峰面积进行定量分析。

【仪器与试剂】

1. 仪器：Integriom 离子色谱仪，电导检测器，Dionex AS-11 HC 阴离子分析柱，Dionex ADRS 6004mm 阴离子抑制器，EGC 500 KOH 淋洗液发生器，注射器，超声波清洗仪，真空过滤装置。

2. 试剂：NaF（标准储备液），NaCl（标准储备液），$NaNO_3$（标准储备液），Na_2SO_4（标准储备液），饮用水样品。

【实验步骤】

1. 标准溶液的配制

标准储备液：F^-、Cl^-、NO_3^-、SO_4^{2-} 浓度为 $1000mg \cdot L^{-1}$。

标准混合工作液：分别准确移取 F^-、Cl^-、NO_3^-、SO_4^{2-} 标准储备液 1mL 用去离子水定容至 10mL，摇匀，得到浓度为 $100mg \cdot L^{-1}$ 的混合标准溶液，依次稀释，配制成 $2mg \cdot L^{-1}$、

$5mg \cdot L^{-1}$、$10mg \cdot L^{-1}$、$20mg \cdot L^{-1}$、$40mg \cdot L^{-1}$ 的标准混合工作液，用 $0.45\mu m$ 针式滤膜过滤，备用。

2. 流动相的配制

蒸馏水或屈臣氏蒸馏水过滤后超声脱气。

3. 离子色谱测定条件

色谱柱为 Dionex AS11-HC 阴离子分析柱（$4\mu m$，$4mm \times 250mm$）或其他性能相似的色谱柱，等度洗脱，淋洗液为 $30mmol \cdot L^{-1}$ KOH，流速为 $1.0mL \cdot min^{-1}$，抑制电流为 90mA，柱温为 30℃，电导检测器检测，检测池温度为 35℃，进样体积为 $25\mu L$。

4. 样品的处理

用针式水相滤膜过滤样品后备用。

5. 仪器预热

按仪器说明书依次打开 N_2 钢瓶，设置 EGC 罐的气压阀至 3～6psi 打开，离子色谱仪开关、色谱工作站电源开关，打开排液阀进行排液，依次按设定好的条件设定流速、淋洗液浓度、抑制器的电流、柱温、电导检测池温度，启动工作站观察基线是否正常。

6. 进样分析

当仪器总信号值＜$2\mu S$（基线稳定）后，先将标准溶液按浓度由低到高的顺序注入色谱仪内，然后进样品，记录各峰的保留时间 t_R 和峰面积，对照比较标准溶液与样品溶液的 t_R，确定样品中组分的位置，由外标法计算各组分的含量。

7. 结束工作

所有样品分析完毕后，用淋洗液冲洗色谱柱 20min，依次关闭淋洗液浓度开关、抑制器的电流开关、柱温开关、电导检测池温度开关、泵流速开关，关闭仪器及 N_2 钢瓶。

【数据处理】

1. 记录离子色谱的色谱条件。
2. 根据样品溶液的色谱图保留时间判断各色谱峰所代表的离子。
3. 用标准曲线法计算样品溶液中 F^-、Cl^-、NO_3^-、SO_4^{2-} 的浓度。结果填入表 12-4 中。

表 12-4　阴离子测定结果记录

编号	名称	保留时间	峰面积	含量
1	F^-			
2	Cl^-			
3	NO_3^-			
4	SO_4^{2-}			

【注意事项】

1. 流动相需用去离子水。
2. 实验完毕后，必须冲洗柱子。
3. 关机时，必须先关闭淋洗液流路开关、抑制器的电流开关，再停泵。

【思考题】

1. 离子色谱法与液相色谱法有什么异同？
2. 抑制器有何作用？
3. 简述离子色谱仪日常维护的必要性。

4. 阴离子出峰的先后顺序与什么因素有关？

实验四十　凝胶渗透色谱法测定聚合物分子量分布

【实验目的】

1. 了解凝胶渗透色谱法的原理。
2. 了解凝胶渗透色谱法的仪器构造和凝胶渗透色谱法的实验技术。
3. 测定聚合物样品的分子量分布。

【实验原理】

合成聚合物一般是由不同分子量的同系物组成，具有分子量大和分子量小的多分散性特点。目前，在表示某一聚合物分子量时，一般同时给出其平均分子量和分子量分布。分子量分布可以用聚合物的分子量分布曲线进行描述。不同的聚合方法、聚合工艺使得聚合物具有不同的分子量和分子量分布。分子量与聚合物的物理性能有着十分密切的关系。因而测定聚合物分子量和分子量分布具有重要的科学意义。

聚合物分子测定的方法有很多种，如黏度法、超离心沉降法，端基分析法、动态/静态光散射法和凝胶色谱法。凝胶渗透色谱诞生于 20 世纪 60 年代，是迄今为止最为有效的测定分子量分布的方法。

【仪器与试剂】

1. 仪器：英国 Malvern Viscotek TDAmax 凝胶渗透色谱，0.45μm 微孔滤膜。
2. 试剂：淋洗液（溶剂），四氢呋喃（分析纯），聚苯乙烯。

【实验步骤】

1. 分离机理

凝胶渗透色谱（gel permeation chromatography，GPC）也称为体积排除色谱（size exclusion chromatography，SEC），是液相色谱的一个分支。GPC/SEC 的分离对象是聚合物中不同分子量的高分子组分，其分离部件是一个以多孔性凝胶作为载体的色谱柱。

一般认为，GPC/SEC 是根据溶质体积的大小，在色谱中的体积排除效应即渗透能力的差异来进行分离。而高分子在溶液中的体积取决于分子量、高分子链的柔顺性、支化、溶剂和温度等，当高分子链的结构、溶剂和温度确定后，高分子的体积主要依赖于分子量的大小。

凝胶渗透色谱的固定相是多孔性微球，可由交联度很高的聚丙烯酸酰胺、聚苯乙烯、琼脂糖、葡聚糖凝胶、多孔硅胶和多孔玻璃等来制备。凝胶色谱的淋洗液是聚合物的溶剂。当聚合物试样以一定的流速经过色谱柱时，溶质分子向填料孔洞渗透，渗透概率与分子体积有关。若微孔尺寸与高分子的体积相当，高分子的渗透概率取决于高分子的体积，较大分子渗透的概率小于较小分子的渗透概率，随着淋洗液流动，在色谱中走过的路程缩短，在柱内停留的时间缩短。反之，小分子的淋洗体积大，在柱内停留时间长，从而达到分离的目的。

基于这种分离机理，当聚合物溶液流经色谱柱时，较大分子被排除在粒子小孔之外，从粒子间的间隙通过，速率较快。而较小分子进入到粒子小孔内，通过速率降低，从而根据分子量分离，分子量大的分子淋洗时间短，分子量小的分子淋洗时间长。当试样从色谱柱被淋洗出来，所接收到的淋出液总体积为该试样的淋出体积，当实验条件和仪器确定后，溶质的淋出体积与其分子量有关，分子量越大，其淋出体积越小。

2. 检测机理

GPC/SEC 最常用的是示差折光检测器，其原理是溶液中淋洗液和聚合物的折射率具有加和性，而溶液折射率随聚合物浓度的变化量 $\partial n/\partial c$ 一般为常数，因此可用溶液和纯溶剂折射率之差（示差折射率）Δn 作为聚合物浓度的响应值。对于带有紫外吸收基团（如苯环）的聚合物，可用紫外吸收检测器，其原理是朗伯-比尔定律，吸光度与浓度成正比的关系进行测定。

图 12-5 是 GPC/SEC 的结构示意图，淋洗液通过输液泵，进入装填多孔性凝胶的色谱柱内，再到达检测器。当聚合物样品进样后，淋洗液把溶液样品带入色谱柱进行分离，随着淋洗液的不断洗脱，被分离的高分子组分陆续从色谱柱中淋出，到达检测器，获得完整的GPC/SEC 淋洗曲线，见图 12-6。

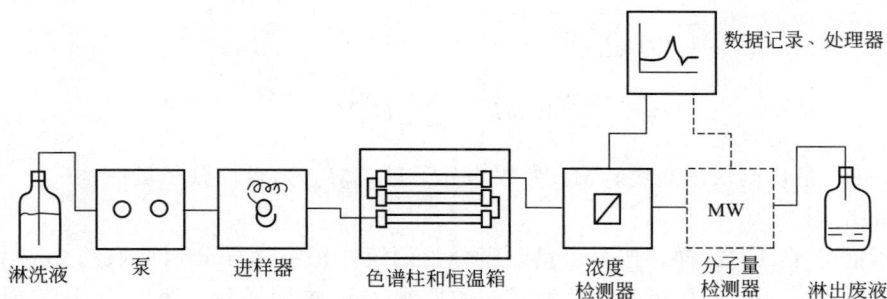

图 12-5　GPC/SEC 的基本结构

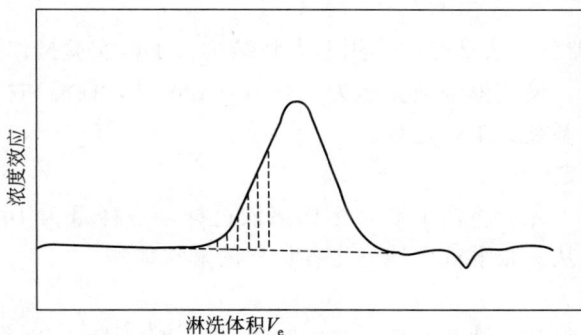

图 12-6　GPC/SEC 淋洗曲线和"切割法"

3. 淋洗曲线

淋洗曲线表示 GPC/SEC 对聚合物样品根据高分子体积进行分离的结果，并不是分子量分布曲线。实验证明淋洗体积和聚合物分子量有如下关系：

$$\ln M = A - BV_e \quad 或 \quad \lg M = A' - B'V \tag{12-1}$$

式(12-1) 称为 GPC/SEC 的标定（校正）关系。式中，M 为高分子组分的分子量。A、B（或 A'、B'）与高分子的链结构、支化、温度、溶剂等影响高分子在溶液中体积的因素有关，也与色谱的固定相、体积和操作条件等仪器因素有关。式(12-1) 的适用性还限制在色谱固定相渗透极限以内，也就是说分子量过高或太低都会使标定关系偏离线性。一般需要用一组已知分子量的窄分布的聚合物标准样品（标样）对仪器进行标定，在指定实验条件下，得到适用于结构和标样相同的聚合物的标定关系。

GPC/SEC 的数据处理，一般采纳用"切割法"。在谱图中，基线和淋洗曲线所包围的面积是被分离后的整个聚合物，根据横坐标对该面积等距离切割。切割的含义是把聚合物样品看成由若干个具有不同淋洗体积的高分子组分所组成，每个切割块的归一化面积（面积分数）是高分子组分的含量，由切割块的淋洗体积通过标定关系可确定组分的分子量，对所有切割块的归一化面积和相应的分子量列表或作图，得到完整的聚合物样品的分子量分布结果。由于切割是等距离的，因而用切割块的归一化高度就可以表示组分的含量。切割密度会影响结果的精度，当然越高越好，但一般认为，一个聚合物样品切割成 20 块以上，对分子量分布描述的误差已经小于 GPC/SEC 方法本身的误差，当用计算机记录、处理数据时，可设定切割成近百块。用分子量分布数据，很容易计算各种平均分子量，以 $\overline{M_n}$ 和 $\overline{M_W}$ 为例：

$$\overline{M_n} = \left(\sum_i W_i/M_i \right)^{-1} = \sum_i H_i \Big/ \sum_i \left(\frac{H_i}{M_i} \right) \tag{12-2}$$

$$\overline{M_W} = \sum_i W_i M_i = \sum_i H_i M_i \Big/ \sum_i H_i \tag{12-3}$$

式中，H_i 是切割块的高度；$\overline{M_n}$ 为数均分子量；$\overline{M_W}$ 为重均分子量。

4. 样品配制

选取不同分子量的标样，按分子量顺序分为两组，每组标样分别称取约 2mg 溶于 2mL 溶剂，溶解后过 $0.45\mu m$ 孔径的微孔滤膜。称取约 4mg 被测样品，溶于 2mL 溶剂，溶解后过滤，进样测定。

5. 仪器操作

（1）了解 GPC 仪器各组成部分的作用和大致结构，了解实验操作要点。

（2）接通仪器电源，设定淋洗液流速为 $1.0mL \cdot min^{-1}$，柱温和检测温度为 30℃。

（3）了解数据处理系统的工作过程。

6. GPC/SEC 的标定

待仪器基线稳定后，先后将两个混合标样溶液进样，进样量为 $100\mu L$，等待色谱淋洗，得到完整的淋洗曲线。从两张淋洗曲线确定各标样的淋洗体积。

7. 样品测定

将样品溶液进样，得到淋洗曲线后，确定基线，用"切割法"进行数据处理，要求切割块数应在 20 以上。

【数据处理】

1. GPC/SEC 的标定，作 $\lg M\text{-}V_e$ 图，得 GPC/SEC 标定关系（表 12-5）。

表 12-5　标样分子量与淋洗体积

标样序号	分子量	淋洗体积

2. 样品测定结果填入表 12-6。

表 12-6　切割法数据记录

切割块号 I	V_{ei}	H_i	M_i	H_iM_i	H_i/M_i

计算 $\sum\limits_{i} H_i$、$\sum\limits_{i} H_iM_i$ 和 $\sum\limits_{i} (H_i/M_i)$，根据式（12-2）、式（12-3）算出样品的数均分子量和重均分子量，并计算多分散系数 $d = \overline{M_\text{w}}/\overline{M_\text{n}}$。

【思考题】

1. 高分子的链结构、溶剂和温度为什么会影响凝胶渗透色谱的校正关系？
2. 为什么在凝胶渗透色谱实验中，样品溶液的浓度不必准确配制？

实验四十一　凝胶色谱法测定聚乙二醇

【实验目的】

1. 学习凝胶色谱法测定聚乙二醇的方法与过程。
2. 掌握凝胶色谱仪的基本操作。

【实验原理】

聚乙二醇是重要的制药辅助剂，广泛应用于化妆品工业和制药工业中。实验采用凝胶色谱法测定聚乙二醇的分子量及其分布。

【仪器与试剂】

1. 仪器：英国 Malvern Viscotek TDAmax 凝胶渗透色谱（配示差折光检测器），$0.45\mu m$ 微孔滤膜。
2. 试剂：聚乙二醇（PEG）标样，混合 PEG 样品（分子量为 200、400、800、1000、1500），甲醇，NaBr，水，PEG 样品。

【实验步骤】

1. 实验条件

凝胶色谱柱为美国 Sepax Technologies，Nanofilm SEC-150 和 Nanofilm SEC-1000（$7.8mm \times 300mm$）；流动相：$0.1mol \cdot L^{-1}$ NaBr，流速 $1.0mL \cdot min^{-1}$。示差折光检测器检测，进样体积：$40\mu L$。

2. 标准溶液的配制

取 PEG 标准品 10mg 加入 10mL 流动相，室温放置 24h，待标准品完全溶解后测定。

3. 标准曲线的建立

在上述色谱条件下，取标准溶液进行测定，以聚乙二醇标样的峰位分子量（M_p）的对数为纵坐标（$\lg w$），以淋洗体积为横坐标（V），用三阶方程拟合标准曲线，用于计算待测样品的分子量及其分布。

4. 样品处理

准确称取混合 PEG 样品 0.10g，加入流动相溶解，过 $0.45\mu m$ 的水相针式过滤膜，滤液供凝胶渗透色谱分析用。

【数据处理】

1. 标准曲线的建立。
2. 样品的测定结果。

【思考题】

1. 凝胶色谱法测定过程中有哪些注意事项？
2. 凝胶柱存放过程中需要注意什么？
3. 比较凝胶渗透色谱法与凝胶过滤色谱法的区别。

第13章
色谱-质谱联用法

13.1 基本原理

质谱法利用电磁学原理，将化合物电离成不同质量的离子，然后按其质荷比（m/z）的大小依次排列成谱收集并记录（图13-1）。以质谱为基础建立起来的分析方法，称为质谱分析法（mass spectrometry，MS）。质谱分析法早期主要用于原子量的测定和某些复杂烃类混合物中的各组分的定量测定，20世纪60年代以后，它开始应用于复杂化合物的鉴定和结构分析，随着气相色谱（GC）、高效液相色谱（HPLC）、电感耦合等离子体发射光谱等仪器和质谱联机成功以及计算机的飞速发展，色谱-质谱及ICP-MS等各类联用仪器分析方法成为趋势，并且成为分析、鉴定复杂混合物及微量、痕量金属元素研究的最有效工具。质谱法具有突出的特点：可以确定分子量，灵敏度高，检出限最低可达 10^{-14} g。根据有机化合物分子的断裂规律，通过质谱中的分子碎片离子峰可以确定该化合物的结构信息。

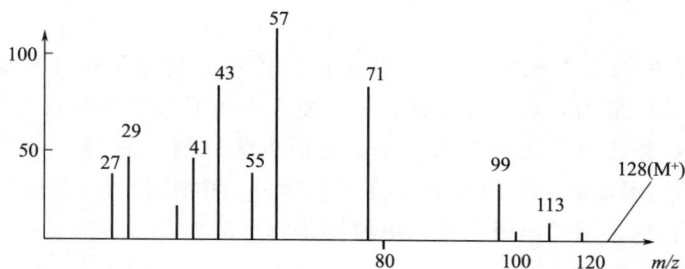

图 13-1　质谱图

13.2 质谱仪结构

质谱仪主要由以下几个部分组成：进样系统、离子源、质量分析器、离子检测器、记录系统以及高真空系统。

（1）进样系统

将待测物质送进离子源，可分为直接进样和间接进样。使用直接进样杆将纯样或混合样直接进到离子源内或经过注射器由毛细管直接注入离子源称为直接进样，缺点是不能分析复杂化合物体系。经 GC 或者 HPLC 分离后进到质谱的离子源内称为间接进样。

（2）离子源

将待测物质中的原子、分子电离成离子，它是质谱仪的核心部件，它的性能直接影响质谱仪的灵敏度和分辨率。常见的离子源有：电子电离源（EI）、大气压化学电离源（APCI）、化学电离源（CI）、电喷雾电离源（ESI）、基质辅助激光解吸离子源（MALDI）。

电子电离源是灯丝释放的 70eV 高速电子束进入电离室，轰击化合物分子，使分子化学键断裂，生成各种低质量数的碎片离子和中性自由基。这些碎片离子和中性自由基再经过聚焦系统聚焦成电子束，到达质量分析器的中心，只有满足一定条件的离子才能沿电极的中心轴飞行到达检测器。最终由电子倍增器将信号放大并转变为适合数字转换的电压，由计算机完成数据处理，绘制成质谱图。

电喷雾离子源是利用位于毛细管和质谱仪进口间的电位差来生成离子，在电场作用下产生以喷雾形式存在的带电液滴。当使用干燥气加热时溶剂蒸发，带电液滴体积缩小，最终生成去溶剂化离子。

（3）质量分析器

质量分析器的作用是将离子源产生的离子按照质荷比的大小分开，并使符合条件的离子飞过此分析器，将不符合条件的离子过滤掉。质量分析器的种类很多，有单聚焦分析器、双聚焦分析器、四级杆分析器、离子阱分析器、飞行时间分析器等。

检测器和记录系统用以测量、记录离子流强度，从而得到质谱图。

13.3 液相色谱-质谱法

液相色谱-质谱法（LC-MS）结合了液相色谱仪高效分离热不稳性及高沸点化合物的能力以及质谱仪的强鉴定能力，是一种分离、分析复杂有机混合物的有效方法。联用的关键是适用接口的开发，必须在试样组分进入离子源之前去除溶剂。图 13-2 是三重四级杆液相色谱-质谱联用仪的结构图，最主要的核心部件是四级杆，由四根平行的棒状电极组成，相对的一对电极是等电位的，两对电极之间的电位则是相反的。

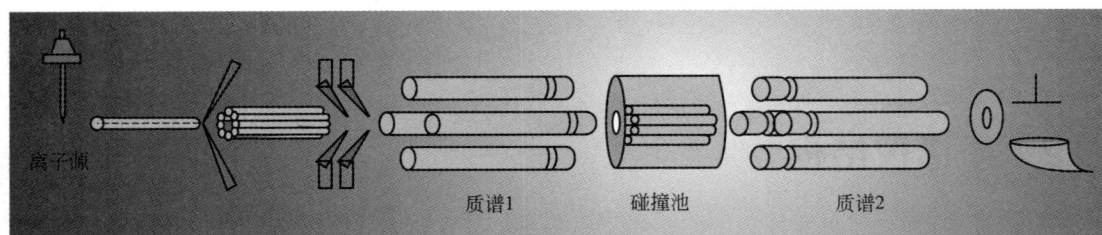

图 13-2　三重四级杆液相色谱-质谱联用仪结构图

液相色谱和质谱联用，可以增加额外的分析能力，能够准确鉴定和定量像细胞和组织裂解液、血液、血浆、口腔液和尿液等复杂样品基质中的微量化合物，具有高选择性、最少的样品制备、高灵敏度和高鉴定能力等特点。随着离子源及质量分析器的发展，多种性能质谱仪被研发出来，质谱仪的分辨率从几千达到几十万，高分辨质谱仪越来越多地应用到分析行业，例如基于 ESI、APCI 等离子源与四级杆轨道阱质谱等联用的纳升液相-四级杆轨道阱质谱仪可以用于研究代谢组学、蛋白组学，基于 ESI、APCI 离子源与飞行时间质谱仪联用的离子淌度-四级杆-飞行时间质谱仪可以用于研究脂质组学、代谢组学、未知有机物等。

13.4　气相色谱-质谱法

气相色谱-质谱联用仪（图 13-3）是分析仪器中较早实现联用技术的仪器。随着科学技术的不断发展和社会对复杂样品快速定性定量的需求，气相色谱-质谱联用技术应运而生。气相色谱-质谱联用技术不仅具有卓越的定性鉴定功能，而且将色谱技术所具有的优越分离性能完美融合，使其兼具分离和鉴定作用，可同时对复杂样品进行定性和定量分析。

气相色谱-质谱联用常用的定性方法是采用样品中的物质与标准谱库中的物质进行比对得以定性，定量方法和其他分析方法一样，可采用外标法、内标法和归一化法。气相色谱-质谱联用在药物分析、食品安全分析、环境监测中都起到至关重要的作用。

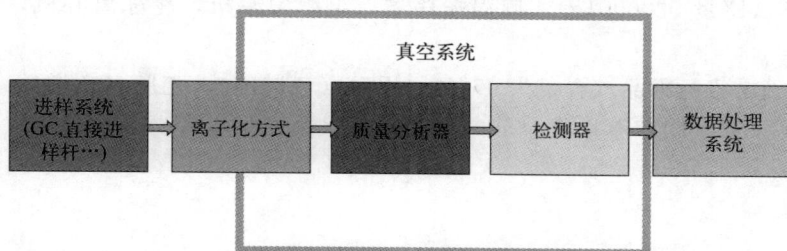

图 13-3　气相色谱-质谱联用仪

目前国外厂家已开发出新型 HydroInert（氢气惰性）离子源，使用氢气作为 GC/MS 分析中氦气的理想替代品，可防止因 He 短缺而导致的运行中断，同时不影响谱图保真度，还可以避免与 H_2 载气相关的不利源内化学反应。质谱包括真空锁定和直接进样杆（不经过色谱，从质谱离子源处直接进样）。同时，在人工智能的浪潮下，许多仪器均内置了智能功能和仪器自动诊断功能。

13.5　实验内容

实验四十二　高效液相色谱-串联三重四级杆质谱联用法　　　　　　测定牛奶中的氯霉素残留量

【实验目的】

1. 了解高效液相色谱-质谱联用仪的组成部分及液相色谱-质谱联用仪的使用方法。

2. 了解外标法测定牛奶中的氯霉素残留量的原理。

【实验原理】

奶牛作为重要的产奶来源，在饲养过程中难免会生病。奶牛生病治疗的过程中如使用了氯霉素，氯霉素在动物体内残留富集，所以牛奶中有可能会含有氯霉素。氯霉素是白色或无色的针状或片状结晶，易溶于甲醇、乙醇、丙醇及乙酸乙酯，微溶于乙醚及氯仿，不溶于石油醚及苯。氯霉素极稳定，其水溶液经5h煮沸也不失效。氯霉素分子中含有对位硝基苯基、丙二醇和二氯乙酰氨基。由于氯霉素分子中有 2 个不对称碳原子，所以氯霉素有 4 个旋光异构体，其中只有左旋异构体具有抗菌能力。

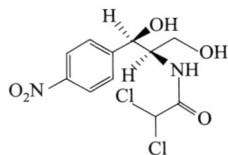

图 13-4　氯霉素
分子结构图

牛奶中的氯霉素用乙酸乙酯进行提取，通过 C_{18} 固相萃取柱进行净化，净化液通过液相色谱进行分离，用带有电喷雾离子源的三重四级杆质谱仪在负离子模式下进行检测。高效液相色谱仪对样品可以起到一个很好的分离作用。质谱检测器对定性离子、定量离子进行识别，同时通过保留时间、相对离子丰度进行判别。氯霉素分子结构图见图 13-4。

【仪器与试剂】

1. 仪器：液相色谱-质谱联用仪（安捷伦 6410B 三重串联四级杆质谱，配电喷雾离子源），分析天平（感量 0.00001g），旋涡振荡器，组织匀浆机，冷冻离心机，旋转蒸发仪，容量瓶，滤膜。

2. 试剂：氯霉素标准品（含量为 97％），甲醇（色谱纯），乙腈（色谱纯），乙酸乙酯，氯化钠，正己烷，C_{18} 固相萃取柱（500mg·3mL^{-1}，或相当者），待测样品（散称奶、袋装奶、盒装奶）。

【实验步骤】

1. 液相色谱测定条件

色谱柱：C_{18}（150mm×2.1mm，3.5μm），或相当者。柱温：30℃。流速：0.3mL·min^{-1}。进样量：10μL。运行时间：8min。流动相：乙腈∶水＝50∶50（体积比）。

2. 质谱测定条件

离子源：ESI。扫描方式：负离子模式。检测方式：多反应检测。毛细管电压：4.5kV。雾化气温度：330℃。雾化气流速：10L·min^{-1}。数据采集窗口：8min。驻留时间：0.3s。定性、定量离子对及对应的锥孔电压和碰撞电压见表 13-1。

表 13-1　定性、定量离子对及对应的锥孔电压和碰撞电压

药物	定性离子对(m/z)	定量离子对(m/z)	锥孔电压/V	碰撞电压/V
氯霉素	321/151.6 321/256.8	321/151.6	120	11 8

3. 标准溶液的配制

100μg·mL^{-1} 氯霉素标准储备液：精确称取氯霉素标准品 10mg 于 100mL 容量瓶中，用甲醇溶解并稀释至刻度，配制成浓度为 100μg·mL^{-1} 的氯霉素标准储备液，在 -20℃ 以下保存，有效期为 1 年。

100ng·mL^{-1} 氯霉素标准工作溶液：精确量取 100μg·mL^{-1} 氯霉素标准储备溶液

0.1mL 于 100mL 容量瓶中，用 50％乙腈溶解并稀释至刻度，配制成浓度为 100ng·mL^{-1} 的标准工作液，在 2～8℃保存，有效期为 1 个月。

4. 样品溶液的提取和净化

取牛奶样品 10g±0.05g，于 50mL 离心管中，再加乙酸乙酯 20mL，振荡、离心，收集乙酸乙酯层。再加乙酸乙酯二次提取，合并两次提取液并于 45℃水浴旋转蒸发至干。用 4％氯化钠 5mL 溶解残留物，并加正己烷 5mL 振荡混合，静置分层，弃去正己烷液。再加正己烷 5mL，重复提取一次，取下层溶液进行净化。首先对 C$_{18}$ 固相萃取柱进行活化，取提取液过柱，用 5mL 水淋洗，抽干，用 5mL 甲醇洗脱并收集洗脱液，于 50℃氮气吹干。用 1.0mL 50％乙腈溶解残余物，涡旋混匀，滤膜过滤，供液相色谱-质谱联用仪测定。

5. 标准曲线溶液配制

精确量取 100ng·mL^{-1} 氯霉素标准工作溶液适量，用流动相稀释，配制成浓度为 0.10pg·L^{-1}、0.25pg·L^{-1}、0.50pg·L^{-1}、1.0pg·L^{-1}、2.0pg·L^{-1}、5.0pg·L^{-1} 氯霉素溶液，供液相色谱-质谱联用仪测定。以特征离子质量色谱峰面积为纵坐标，标准溶液浓度为横坐标，绘制标准曲线。求回归方程和相关系数。

6. 仪器准备

提前一天开机抽真空，并按照上述参数对仪器进行设定，实验开始前平衡色谱柱 30min，同时检查仪器各个参数是否正常，如有故障排除故障后再进行样品测定。

7. 进样分析

分别将各标准溶液按浓度从低到高的顺序依次放入自动进样器，然后依次放入样品。在工作站界面设定序列进样，并启动色谱软件采集色谱图，记录各标准溶液和样品的出峰情况及峰面积。

【数据处理】

1. 确定牛奶样品中是否含有氯霉素残留。
2. 计算氯霉素含量。

【注意事项】

1. 仪器使用前需确定质量轴是否有偏离。
2. 色谱柱压力平稳后再进行样品分析。
3. 样品过 C$_{18}$ 固相萃取柱需缓慢进行。

【思考题】

1. 要确定牛奶中残留有氯霉素需满足哪些条件？
2. 质谱类型的检测器为什么需要进行质量轴矫正？
3. 氯霉素标准储备液为什么需要低温保存？

实验四十三　高效液相色谱-三重四级杆质谱法测定化妆品中禁用物质甲硝唑

【实验目的】

1. 进一步熟悉和掌握液相色谱-质谱联用仪的原理以及结构。

2. 熟悉掌握液相色谱-质谱联用的前处理过程。

3. 了解质谱正离子模式扫描、负离子模式扫描的区别。

【实验原理】

甲硝唑（图 13-5）属于抗生素类药物，具有杀菌效果，如添加到化妆品中，会有一定的祛痘效果，如果长期使用含抗生素的化妆品，会产生不良后果。甲硝唑主要用于治疗或预防厌氧菌引起的系统或局部感染。抗生素类药物必须在医生指导下方可使用，如长期使用添加抗生素的化妆品，可能引起接触性皮炎等不良反应。

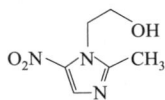

图 13-5 甲硝唑
分子结构图

化妆品中的甲硝唑经溶剂提取后，通过液相色谱进行分离，用带有电喷雾离子源的三重四级杆质谱仪在正离子模式条件下进行检测。高效液相色谱仪对样品可以起到一个很好的分离作用。质谱检测器对定性离子、定量离子进行识别，同时通过保留时间、相对离子丰度进行判别。

【仪器与试剂】

1. 仪器：高效液相色谱-质谱联用仪（安捷伦 6410B 三重四级杆质谱），分析天平（感量 0.1mg 和 0.01g），涡旋混合器（低温高速离心机制冷温度 4℃，转速至少 8000r·min^{-1}），冰箱，容量瓶，微孔滤膜。

2. 试剂：乙腈（色谱纯），甲醇（色谱纯），甲硝唑标准品，待测化妆品（膏霜、乳液、液体类、粉饼）。

【实验步骤】

1. 液相色谱测定条件

色谱柱：C_{18} 色谱柱（100mm×2.1mm，3.5μm）。流动相：乙腈（A）、水-0.5％甲酸（B），A：B=15：85，等度洗脱。流速：0.2mL·min^{-1}。柱温：40℃。进样体积：2μL。

2. 质谱测定条件

离子源：ESI。扫描方式：正离子模式。检测方式：多反应监测。毛细管电压：4.0kV。雾化气温度：330℃。雾化气流量：10L·min^{-1}。数据采集窗口：10min。驻留时间：0.3s。定性、定量离子对及对应的锥孔电压和碰撞电压见表 13-2，定性测定时相对离子丰度最大允许偏差见表 13-3。

表 13-2　甲硝唑定性、定量离子对及对应的锥孔电压和碰撞电压

药物	定性离子对(m/z)	定量离子对(m/z)	锥孔电压/V	碰撞电压/V
甲硝唑	172/128 172/82	172/128	60	10 15

表 13-3　定性测定时相对离子丰度最大允许偏差

相对离子丰度	＞50％	＞20％～50％	＞10％～20％	≤10％
允许的相对偏差	±20％	±25％	±30％	±50％

3. 标准溶液的配制

甲硝唑标准储备溶液：称取 10.00mg 甲硝唑标准品于 100mL 容量瓶，用甲醇溶解并定容至刻度，摇匀，此溶液浓度是 100μg·mL^{-1}。

0.5％甲酸溶液：量取 1mL 甲酸，用水定容至 200mL。

0.5％甲酸-甲醇溶液：量取 1mL 甲酸，用甲醇定容至 200mL。

4. 样品溶液的提取和净化

称取 1.0g（精确至 0.01g）粉末状试样于 10mL 刻度离心管中，加入 0.5％甲酸-甲醇溶液约 8mL，涡旋摇匀，超声波提取 10min，冷却至室温后加 0.5％甲酸-甲醇溶液，定容至刻度。将部分溶液放入离心管中，于 4℃、8000r·min^{-1} 离心 10min。对类脂含量较高的样品，置于 -10℃ 冰箱中放置 1h，使类脂凝聚。然后，取上清液用微孔滤膜过滤后进样测定。

5. 标准曲线溶液配制

用空白样品基质提取液为溶剂，将甲硝唑标准储备溶液逐级稀释，得到浓度分别为 1.0ng·mL^{-1}、10.0ng·mL^{-1}、50.0ng·mL^{-1}、100.0ng·mL^{-1}、200.0ng·mL^{-1} 的标准工作溶液，按浓度由低到高进样检测，以定量离子对峰的峰面积为纵坐标，与其对应的浓度为横坐标绘制标准工作曲线。

6. 仪器准备

提前一天开机抽真空，并按照上述参数对仪器进行设定，实验开始前平衡色谱柱 30min，同时检查仪器各个参数是否正常，如有故障，排除故障后再进行样品测定。

7. 进样分析

分别将各标准溶液按浓度由低到高的顺序依次放入自动进样器，然后依次放入样品。在工作站界面设定序列进样，并启动色谱软件采集色谱图，记录各标准溶液和样品的出峰情况及峰面积。

【数据处理】

1. 绘制标准曲线。
2. 判定化妆品中是否有甲硝唑，并对其进行定量分析。

【注意事项】

1. 仪器使用前需确定质量轴是否有偏离。
2. 色谱柱压力平稳后再进行样品分析。

【思考题】

1. 相对离子丰度在对甲硝唑定性时有什么作用？
2. 为什么需要定性离子对、定量离子对，少一个或者多一个离子对可以吗？
3. 在甲硝唑提取的过程中为什么需要使用 0.5％甲酸-甲醇溶液？

实验四十四　气质联用（GC-MS）法分析葡萄酒中挥发性物质

【实验目的】

1. 加深了解气相色谱-质谱联用技术的原理。
2. 学习掌握气相色谱-质谱联用仪的构造和使用方法。
3. 熟悉气相色谱-质谱联用法（气质联用法）的应用。

【实验原理】

酒中的挥发性物质通过固相微萃取技术富集，利用气质联用法分析。酒中挥发性物质通过气相色谱的气化分离，先后进入质谱的离子源中被离子化，生成不同质荷比（m/z）的带电荷离子，经过加速电场的作用形成电子束，进入质量分析器（本实验是四级杆质量分析器），利用不同离子在电场的运动不同，通过检测器分析得到信号值（质谱图）。

【仪器与试剂】

1. 仪器：美国 Thermo Fisher Finnigan Trace GC-DSQ 气质联用仪，水浴锅，固相微萃取设备，移液枪（1～10mL）。

2. 试剂：氯化钠（分析纯），葡萄酒样品。

【实验步骤】

1. 仪器平衡

打开载气，打开自动进样器电源，打开气相电源，打开质谱电源，打开电脑工作站，仪器自检。待质谱前端压力降至 80mTorr 以下，离子源温度升至 200℃，检查空气、水峰（质谱检漏），检查背景峰，检查校正气峰（检查灵敏度），各项数据都正常后方可进行实验。

2. 样品处理

取 20mL 酒样置于 50mL 顶空瓶，添加 2.00g NaCl 后，放在水浴锅中，温度为 40℃，平衡 20min，萃取 20min，在 GC 进样口 250℃下解析 3min，进行定性定量分析。

3. 仪器条件

固相微萃取条件：萃取头型号为 50/30μm DVB/CAR/PDMS，水浴温度为 40℃，平衡时间为 20min，萃取时间为 20min。

气质联用仪条件：色谱柱型号为 VF-MAXMS（60mm×0.250μm×0.25mm）。

气相色谱：柱温箱初始温度为 60℃，然后以 5℃·min^{-1} 的升温速度升至 110℃，再以 3℃·min^{-1} 的升温速度升至于 215℃，保持 3min；再以 5℃·min^{-1} 的升温速度升至 240℃，保持 10min。载气为氦气，流量为 1.2mL·min^{-1}，进样口温度为 250℃。

质谱：EI 电离源，电子能量为 70eV，扫描范围为 50～800amu，离子源温度为 230℃，传输线温度为 240℃。

【数据处理】

1. 定性分析：将待测物质的谱图与标准物质谱库进行对比定性。

2. 定量指标：峰面积。定量方法：归一化法。

【注意事项】

1. 开机之前先开载气。

2. 萃取过程温度保持恒定。

【思考题】

1. 气质联用技术的优势是什么？

2. 本实验中加入氯化钠（盐类物质）的作用是什么？

实验四十五　气质联用（GC-MS）法分析食用油中的脂肪酸

【实验目的】

1. 加深了解气相色谱-质谱联用技术的原理。

2. 学习掌握气相色谱-质谱联用仪的构造和使用方法。

3. 熟悉气相色谱-质谱联用法的应用。

【实验原理】

油脂中脂肪酸在气相色谱仪的测定温度范围内不能直接气化，必须经过甲酯化之后才能被气相色谱所分离。气化后的脂肪酸甲酯经过气相色谱分离后进入到质谱中，在离子源中被电离，生成不同质荷比的带正电荷离子，经加速电场的作用形成离子束，进入质量分析器，从而确定不同离子的质量，获得质谱图，通过图谱解析，可获得有机化合物的分子式。定性分析：将待测物质的谱图与标准物质谱库进行对比定性。定量指标：峰面积。定量方法：归一化法。

【仪器与试剂】

1. 仪器：美国 Thermo Fisher Finnigan Trace GC-DSQ 气质联用仪，离心机，涡旋仪，滤膜。

2. 试剂：正己烷（色谱纯），KOH-甲醇溶液（$0.2mol \cdot L^{-1}$），食用油。

【实验步骤】

1. 仪器平衡

打开载气，打开自动进样器电源，打开气相电源，打开质谱电源，打开电脑工作站，仪器自检。待质谱前端压力降至 80mTorr 以下，离子源温度升至 200℃，检查空气、水峰（质谱检漏），检查背景峰，检查校正气峰（检查灵敏度），各项数据都正常后方可进行实验。

2. 样品处理

取 0.10g 食用油至 15mL 离心管中，加入 10mL 正己烷、2mL KOH-甲醇溶液，放置在涡旋仪上涡旋 1min，在离心机上以 $4000r \cdot min^{-1}$ 离心 10min，取上层清液，用 $0.22\mu m$ 滤膜过滤至进样瓶中，待上机。

3. 仪器条件

气相条件：柱温起始 40℃，保持 1min，以 $10℃ \cdot min^{-1}$ 升温至 160℃，保持 1min，再以 $5℃ \cdot min^{-1}$ 升温至 260℃，保持 2min。进样口温度为 200℃；载气流速为 $1mL \cdot min^{-1}$，分流比为 10：1；进样体积为 $1\mu L$。

质谱条件：离子源温度为 200℃；扫描方式：全扫描，范围为 50~650amu，溶剂延迟 3min。

【数据处理】

利用工作站自带 NIST 谱库进行检索，对各物质进行定性分析；用归一化法进行定量分析。

【思考题】

1. 什么是归一化法？归一化法的特点有哪些？
2. 如何定性本实验食用油中的脂肪酸？

第14章
其他分析法

实验四十六 ^{1}H NMR测定芦丁

【实验目的】

1. 了解核磁共振波谱法的基本原理。
2. 掌握 Bruker-500M 核磁共振谱仪的操作技术。
3. 学会用 ^{1}H NMR 谱图鉴定有机化合物的结构。

【实验原理】

^{1}H NMR 的基本原理遵循的是核磁共振波谱法的基本原理。化学位移值是核磁共振波谱法直接获取的首要信息。由于受到诱导效应、共轭效应、磁各向异性、范德华效应、浓度、温度以及溶剂效应等影响，化合物分子中各种基团都有各自的化学位移值范围，因此可根据化学位移值粗略判断谱峰所属的基团。

^{1}H NMR 中各峰的面积比与所含的氢原子个数成正比，由此可推断各基团所对应的氢原子相对数目，还可以作为核磁共振定量分析的依据。耦合常数与峰形也是核磁共振波谱法可以直接得到的另外两个重要的信息，它们可以提供分子内各基团之间的位置和相互连接的次序。对于 ^{1}H NMR，通过相隔三个化学键的耦合（相邻碳上的耦合）最为重要，自旋裂分符合 $n+1$ 规律。根据以上信息和已知的化合物分子式就可推导出化合物的分子结构式。

核磁共振基本概念如下。

（1）自旋量子数

按照原子模型的观点，物质都是由原子组成的，原子由原子核和核外电子组成，原子核又分为质子和中子，质子带有正电荷而中子不带电。故原子核带有正电荷，原子核不是静止不动的。原子核有自旋特征，用一个特征参数 I 表示原子核的自旋特征。即：核的自旋量子数 I 是原子核本身的特征。核的自旋量子数 I 的取值可以是整数或半整数。实验得出下列经验规律。

① 原子核内质子数 Z 和中子数 N 都是偶数时，核自旋量子数 $I=0$，如 $^{16}O_8$、$^{12}C_6$、$^{32}S_{16}$ 等。

② $Z+N=$ 偶数，但 Z 和 N 本身都是奇数时，I 取整数值，如 $^{14}N_7$ 的 $I=1$。

③ $Z+N=$奇数，I 取半正数，如 ^1H 和 ^{31}P 的 $I=1/2$，^{11}B 的 $I=3/2$。

（2）自旋角动量 P

原子核的自旋角动量用 P 表示，其中 h 为普朗克常数。

$$P = \sqrt{I(I+1)} \frac{h}{2\pi} \tag{14-1}$$

（3）磁矩与磁旋比

当自旋量子数 $I \neq 0$ 时，原子核具有磁矩，用 μ 表示。磁矩 μ 和角动量 P 都是矢量，方向相互平行，且磁矩随角动量的增加成正比地增加：

$$\mu = \gamma P \tag{14-2}$$

式中，γ 为磁旋比。

（4）能级

由于核磁矩在外加磁场中有 $M = I$、$I-1$、$I-2$、$\cdots$、$-I$ 个不同的取向，其中 M 为磁量子数。如 ^1H，^{13}C 的 $I=1/2$，故可以有 $M=1/2$，$M=-1/2$ 两种取向，每种取向代表不同的能级，其能量大小为：$E_m = -\mu H_0 = -\gamma h m H_0$（$m = I$，$I-1$，$I-2$，$\cdots$，$-I$）。

核的取向如图 14-1 所示。

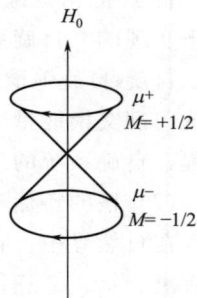

图 14-1　核的取向

如图 14-2，以 $I=1/2$ 的核为例，两个能级的能量差值为 ΔE。

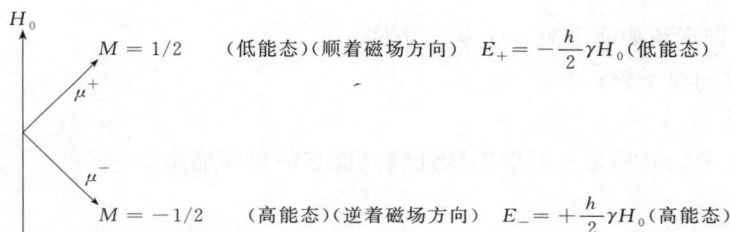

图 14-2　$I=1/2$ 的核的能级

$$\Delta E = E_- - E_+ = \frac{h}{2}\gamma H_0 + \frac{h}{2}\gamma H_0 = \gamma h H_0 = \frac{h}{2\pi}\gamma H_0 \tag{14-3}$$

（5）能级跃迁

若再提供一个能量 $\Delta E' = h\gamma$，使 $\Delta E' = \Delta E$ 即 $h\nu = \frac{h}{2\pi}\gamma H_0$，则发生从低能态向高能量状态的转换，使核吸收射频场能量而在 E_+ 与 E_- 能级之间跃迁，就发生了核磁共振。

$$\nu = \frac{\gamma}{2\pi}H_0 \quad \text{或} \quad W = 2\pi\nu = \gamma H_0 \tag{14-4}$$

（6）弛豫

样品自旋本身吸收能量发生 NMR 现象，自旋核从低能量状态跃迁到高能量状态。高能量状态是不稳定的，它要返回低能量状态，自旋体系通过两种途径把能量释放掉。一种途径是体系与环境或晶格发生能量传递，体系恢复平衡，这叫自旋-晶格弛豫，用 T_1 表示自旋-晶格弛豫时间。另一种途径是自旋体系内部能量的消散，它不改变体系的总能量，但在各个核之间平均消散，磁矩相位不再集中于某一方向，叫自旋-自旋弛豫，用 T_2 表示自旋-自旋弛豫时间。

自旋-晶格弛豫是纵向磁化强度恢复的过程，又叫纵向弛豫，它是靠自旋和晶格交换能量来实现的。自旋系统本身的能量发生变化。

自旋-自旋弛豫是横向磁化强度逐渐衰减，最后完全消散，又叫横向弛豫，它是由自旋系统内部交换能量引起的，是 NMR 现象发生后恢复相位过程的时间，反映物质激发的失相过程，自旋系统的总能量不变。

(7) 核的自然丰度

在自然界中，各种原子核由于中子数的不同而形成同位素元素，如质子数为 1 的原子核具有氢、氘、氚三种同位素，各种同位素在自然界的含量与该元素的总含量之比叫该核的自然丰度。

(8) 核磁共振信号的强度

由于各种不同核的自旋共振量子数 I 不同，磁旋比 γ 也不同，再加上自然丰度的差异，各种核的核磁共振信号的强度也不同。

核磁共振信号强度：

$$S/N \propto \frac{NH_0^2 \gamma^3 I(I+1)}{T} \tag{14-5}$$

式中，N 为共振核数目；H_0 为外加磁场强度；γ 为磁旋比；I 为自旋量子数；T 为热力学温度。

(9) 核磁共振条件

满足核磁共振现象要有下列三个基本条件。

① 具有磁性的原子核；

② 外加磁场 H_0；

③ 再提供一个恰好满足从低能态跃迁到高能态的射频能量。

【仪器与试剂】

1. 仪器：瑞士 Bruker-500M 核磁共振谱仪，$\phi 5mm$ 的核磁共振标准样品管，吸管。

2. 试剂：TMS（内标），$CDCl_3$（氘代氯仿），芦丁，未知样品。

【实验步骤】

1. 样品的配制

用细的吸管吸取少量的芦丁样品，加入核磁共振标准样品管中，再用另一支吸管将 0.5mL 预先准备好的氘代氯仿也加入此样品管中（溶液高度最好在 3.5～4.0cm 之间），把样品管盖子盖好，轻轻摇匀，然后将样品管放到样品管支架上，等完全溶解后方可测试。若样品无法完全溶解，也可适当加热或用微波振荡等使其完全溶解。

2. 测谱

开启仪器，使探头处于热平衡状态，做好基础调试工作。

将待测样品的样品管外部用天然真丝布擦拭干净后再插入转子中，放在深度规中量好高度。严格按照操作规程进行（此处操作失误有可能摔碎样品管，损害探头）。

将仪器调节到可做常规氢谱的工作状态。

3. 操作过程

(1) ej/ij：样品管弹入弹出。

(2) new：新建 NMR 实验。

（3）lock：锁场。

（4）atma：ATM探头自动调整。

（5）topshim：自动匀场。

（6）rga：自动增益。

（7）zg：进行采样。

（8）tr：扫描数据传送。

（9）efp：傅里叶变换。

（10）apk：自动相位校正。

（11）标定作为标准峰的化学位移值。

（12）根据需要对选定的峰进行积分。

（13）标出所需峰的化学位移值。

（14）打印谱图。

【数据处理】

将分析及数据处理结果整理成表格，对谱图进行解析。

【注意事项】

1. 样品浓度不宜过大。

2. 根据氢谱和具体样品的要求设定参数。

3. 在测量样品管高度时，要求做到准确无误。

4. 把样品放入探头时，一定要严格按照操作规程进行。

5. 不能乱改参数，尤其不能乱改功率参数。

6. 一定要仔细调好仪器的分辨率。

【思考题】

1. 如何正确获得一张正确的 ^{1}H NMR 谱图？分析讨论自己所作的谱图的优劣。

2. 一张 ^{1}H NMR 谱图能提供哪些参数？每个参数是如何与分子结构相联系的？

3. 什么是自旋-自旋耦合的 $n+1$ 规律？如何运用 $n+1$ 规律解析谱图？

4. 核磁共振现象的三要素是什么？

5. 说明化学位移与耦合常数之间的关系。

实验四十七　利用 ^{13}C NMR 鉴定乙苯

【实验目的】

1. 掌握 ^{13}C NMR 的谱图特征以及制样技术。

2. 学会 ^{13}C NMR 谱图测试方法，掌握 Bruker-500M 核磁共振谱仪的操作技术。

3. 学会用 ^{13}C NMR 谱图鉴定有机化合物的结构。

【实验原理】

自然界中具有磁矩的元素的同位素有 100 多种，到目前为止，除 ^{1}H 谱以外，研究最多、应用最广泛的就是 ^{13}C 谱了。有机化合物中的碳原子构成了有机物的骨架，因此观察和研究碳原子的信号对研究有机物有着非常重要的意义。

最常见的 ^{13}C 谱采用全去偶方法，每一种化学等价的碳原子只有一条谱线。碳谱可分为定量碳谱和非定量碳谱。常规碳谱都是非定量碳谱，它可以提供碳峰个数、峰强，分析各峰的 δ_C 等信息。碳谱可提供化学位移（$\delta1\sim250$），分辨率高，谱线简单，可观察到季碳；弛豫时间对碳谱信号强度影响较大；可给出化合物骨架信息。缺点：测定需要样品量多，测定时间长，^{13}C 信号灵敏度是 ^1H 信号的 $1/6000$。而吸收强度一般不代表碳原子个数，与种类有关。

【仪器与试剂】

1. 仪器：瑞士 Bruker-500M 核磁共振谱仪，标准样品管，滴管。
2. 试剂：TMS（内标），$CDCl_3$，$C_{12}H_{14}O_4$。

【实验步骤】

1. 样品的配制

用滴管吸取适量的 $C_{12}H_{14}O_4$ 样品，放 40mg 样品至核磁共振标准样品管中，再将预先准备好的氘代氯仿（不少于 0.5mL）也加入此样品管中（溶液高度要在 3.5~4cm 之间），轻轻摇匀，把样品管盖子盖好，即可。

2. 测谱

（1）将仪器调节到可做常规碳谱的工作状态。

（2）建立一个新的实验数据文件。

（3）锁场。

（4）自动匀场。

（5）设置采样参数（按照碳谱和样品的要求）。

（6）自动增益。

（7）进行采样。

（8）进行傅里叶变换。

（9）自动相位校正。

（10）标定作为标准峰的化学位移值。

（11）标出所需峰的化学位移值。

（12）打印谱图，将分析及数据处理结果整理成表格，并进行谱图解析。

【注意事项】

1. 测碳谱时，样品量比规定的量可以适当加大些，这样可以大大节约测试时间，但也不可以太大，以免出现饱和现象。

2. 对于溶解性不好的样品可以采取适当的加热、微波振荡等方法，促使其更好地溶解，以增加溶液浓度。

3. 根据具体的样品要求设定参数。

4. 样品中不要含有磁性元素。

【思考题】

1. ^1H NMR 和 ^{13}C NMR 在操作上有哪些不同？

2. 一张 ^3C NMR 谱图能提供哪些参数？每个参数是如何与分子结构相联系的？

3. 常规碳谱为什么要选用质子去偶实验方式？

实验四十八　X射线衍射物相分析

【实验目的】

1. 了解 X 射线衍射仪的结构及工作原理。
2. 熟悉 X 射线衍射仪的操作。
3. 掌握运用 X 射线衍射分析软件进行物相分析的方法。

【实验原理】

X 射线衍射（XRD）是所有物质（包括流体、粉末和完整晶体）重要的无损分析工具，广泛应用于材料学、物理学、化学、环境、地质、纳米材料、生物等领域。X 射线衍射仪是物质结构表征，以性能为导向研制与开发新材料，宏观表象转移至微观认识，建立新理论和质量控制不可或缺的方法。通过对置于测角仪（分光器）中心的样品进行 X 射线照射，X 射线在样品上产生衍射，改变 X 射线对样品的入射角度和衍射角度的同时，检测并记录 X 射线的强度，可以得到 X 射线衍射谱图。以计算机解析谱图中峰的位置和强度关系，可进行物质的定性分析、晶格常数的确定和应力分析等。通过峰高和峰面积可进行定量分析。另外，通过峰角度的扩大或峰形进行粒径、结晶度、精密 X 射线结构解析等各种分析，还可进行高低温及不同气氛与压力下的结构变化的动态分析等。

传统的衍射仪由 X 射线发生器、测角仪、记录仪等几部分组成，见图 14-3。

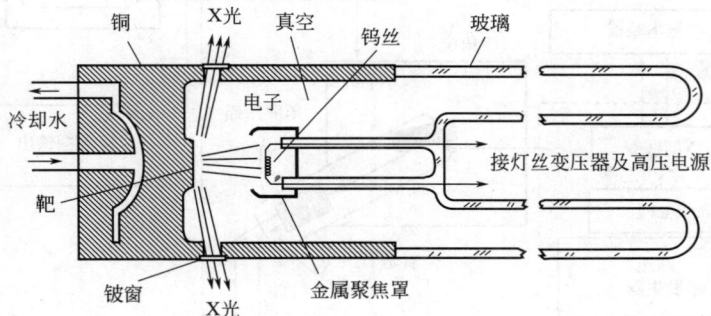

图 14-3　X 射线管示意图

阴极由钨丝绕成螺线形，工作时通电至白热状态。由于阴阳极间有几千伏的电压，故热电子以高速撞击阳极靶面。为防止灯丝氧化并保证电子流稳定，管内抽成高真空。为使电子束集中，在灯丝外设有聚焦罩。阳极靶由熔点高、导热性好的铜制成，靶面上覆一层纯金属。常用的金属材料有 Cr、Fe、Co、Ni、Cu、Mo、W 等。当高速电子撞击阳极靶面时，部分动能转化为 X 射线，但其中约有 99％ 将转变为热。为保护阳极靶面，工作时需强制冷却。为了使用流水冷却，也为了操作者的安全，应使 X 射线管的阳极接地，而阴极则由高压电缆加上负高压。X 射线管有相当厚的金属管套，使 X 射线只能从窗口射出。窗口由吸收系数较低的 Be 片制成。靶面上被电子袭击的范围称为焦点，它是发射 X 射线的源泉。用螺线形灯丝时，焦点的形状为长方形（面积常为 1mm×10mm），此称为实际焦点。窗口位置的设计，使得射出的 X 射线与靶面成 6°角（图 14-4），从长方形短边上的窗口所看到的焦

点为 $1mm^2$ 正方形，称点焦点，在长边方向看则得到线焦点。一般的照相多采用点焦点，而线焦点则多用在衍射仪上。

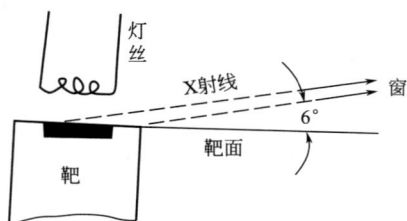

图 14-4　在与靶面成 6°角的方向上接收 X 射线束的示意图

入射 X 射线经狭缝照射到多晶试样上，衍射线的单色化可借助于滤波片或单色器。衍射线被探测器所接收，电脉冲经放大后进入脉冲高度分析器。信号脉冲可送至计数率仪，并在记录仪上获得衍射图。脉冲亦可送至计数器（以往称为定标器），经微处理机进行寻峰、计算峰积分强度或宽度、扣除背底等处理，并在屏幕上显示或通过打印机将所需的图形或数据输出。控制衍射仪的专用微机可通过带编码器的步进电机控制试样（θ）及探测器（2θ）进行连续扫描、阶梯扫描、联动或分别动作等。目前，衍射仪都配备计算机数据处理系统，使衍射仪的功能进一步扩展，自动化水平更加提高。衍射仪目前已具有采集衍射资料、处理图形数据、查找管理文件以及自动进行物相定性分析等功能。图 14-5 为 X 射线衍射仪工作原理图。

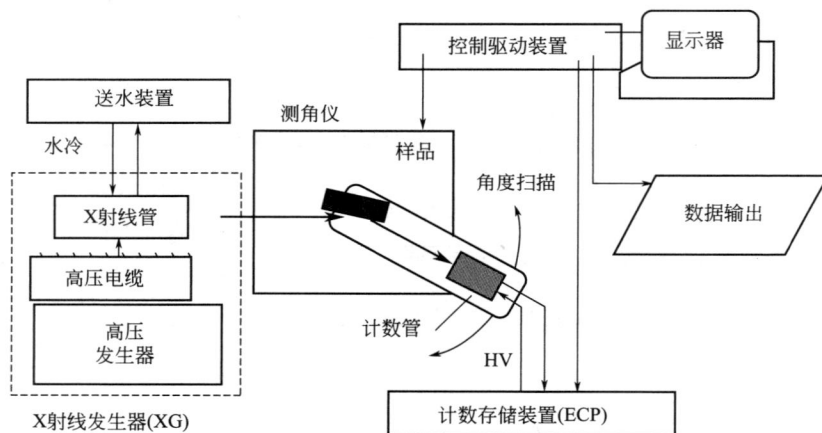

图 14-5　X 射线衍射仪工作原理图

物相定性分析是 X 射线衍射分析中最常用的一项测试，衍射仪可自动完成这一过程。首先，仪器按所给定的条件进行衍射数据自动采集，接着进行寻峰处理并自动启动程序。当检索开始时，操作者要选择输出级别（扼要输出、标准输出或详细输出），选择所检索的数据库（在计算机硬盘上，存储着物相数据库，约有物相 176000 种，并设有无机、有机、合金、矿物等多个分库），指出测试时所使用的靶、扫描范围、实验误差范围估计，并输入试样的元素信息等。此后，系统将进行自动检索匹配，并将检索结果打印输出。

D8 型 X 射线衍射仪系列是当今世界上最先进的 X 射线衍射仪系统。它的设计精密，硬件、软件功能齐全，能够精确对金属和非金属多晶粉末样品进行物相检索分析、物相定量分析、晶胞参数计算和固溶体分析、晶粒度及结晶度分析等。仪器包括陶瓷 X 光管、X 射线高压发生器、高精度测角仪、闪烁晶体探测器、计算机控制系统、数据处理软件、相关应用软件和循环水装置几部分。

【仪器与试剂】

1. 仪器：德国布鲁克 D8 XRD 仪。
2. 试剂：待测样品，火棉胶溶液。

【实验步骤】

1. 试样

X 射线衍射分析的样品主要有粉末样品、块状样品、薄膜样品、纤维样品等。样品不同，分析目的不同（定性分析或定量分析），则样品制备方法也不同。

（1）粉末样品

粉末样品应有一定的粒度要求，可用玛瑙研钵研细后使用。定性分析时粒度应小于 $44\mu m$（350 目），定量分析时应将试样研细至 $10\mu m$ 左右。较方便地确定 $10\mu m$ 粒度的方法是用拇指和中指捏住少量粉末并碾动，两手指间没有颗粒感觉的粒度大致为 $10\mu m$。根据粉末的数量可压在玻璃制的通框或浅框中。压制时一般不加黏结剂，所加压力以使粉末样品粘牢为限，压力过大可能导致颗粒的择优取向。当粉末数量很少时，可在玻璃片上抹上一层凡士林，再将粉末均匀撒上。

常用的粉末样品架为玻璃试样架，在玻璃板上蚀刻出试样填充区为 $20mm \times 18mm$。玻璃样品架主要用于粉末试样较少的情况（约少于 $500cm^3$）。充填时，将试样粉末一点一点地放进试样填充区，重复这种操作，使粉末试样在试样架里均匀分布并用玻璃板压平实，要求试样面与玻璃表面齐平。如果试样的量少到不能充分填满试样填充区，可在玻璃试样架凹槽里先滴一薄层用乙酸戊酯稀释的火棉胶溶液，然后将粉末试样撒在上面，待干燥后测试。

（2）块状样品

先将块状样品表面研磨抛光，大小不超过 $20mm \times 18mm$，然后用橡皮泥将样品粘在铝样品支架上，要求样品表面与铝样品支架表面平齐。

（3）微量样品

取微量样品放入玛瑙研钵中将其研细，然后将研细的样品放在单晶硅样品支架上（切割单晶硅样品支架时使其表面不满足衍射条件），滴数滴无水乙醇使微量样品在单晶硅片上分散均匀，待乙醇完全挥发后即可测试。

（4）薄膜样品

将薄膜样品剪成合适大小，用胶带纸粘在玻璃样品支架上即可。

不同样品的制备见图 14-6。

2. 开机步骤

（1）打开墙壁水冷、XRD 电源空气开关。

（2）按下水冷机按钮，温度等有温度显示（22～24℃）。

（3）旋转设备左侧主机旋钮（0-1）5～10s 后按绿色按钮开机，设备进入自检，待正面左侧高压按钮停止闪烁（闪烁超过 10min 左右，就直接关机）。

（4）轻按一下高压按钮（一闪一闪开始升压，不闪时即达设定电压）。

（5）打开设备右下盖板，按下绿色的 BIAS，对应 BIAS READY 灯不闪，说明探测控

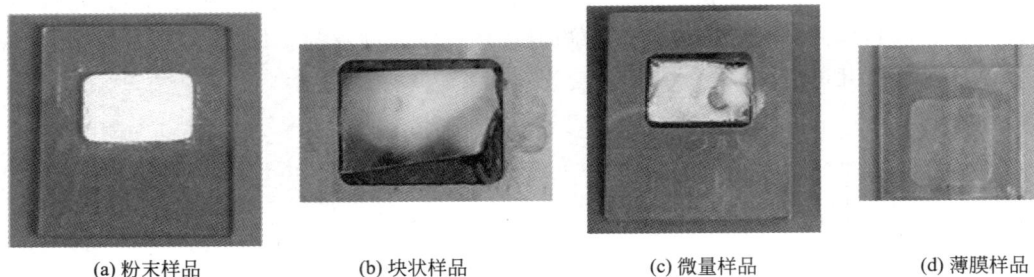

(a) 粉末样品　　　　　(b) 块状样品　　　　　(c) 微量样品　　　　　(d) 薄膜样品

图 14-6　不同样品的制备

制器准备好进入工作状态。

（6）软件操作

点击 INERENT CENTER—Labmanager，进入主界面 Commander（！表示没有初始化）。在 Edited 后面点☑（2θ 后没有☑），PSI 0.00，PHI 90。

3. 测试参数的选择

测定过程中，须考虑确定的实验参数很多，如 X 射线管阳极的种类、滤片、管电压、管电流等。有关测角仪上的参数，如发散狭缝、防散射狭缝、接收狭缝的选择等。对于自动化衍射仪，很多工作参数可由电脑上的键盘输入或通过程序输入。衍射仪需设置的主要参数有：狭缝宽度选择、测角仪连续扫描速度（如 $0.010s^{-1}$、$0.030s^{-1}$ 或 $0.050s^{-1}$ 等）、步长、扫描的起始角和终止角、探测器选择、扫描方式等。此外，还可以设置寻峰扫描、阶梯扫描等其他方式。参数的选择可参考相应教材。

【数据处理】

1. 三强线法

（1）从前反射区（$2\theta < 90°$）中选取强度最大的三根线，并使其 d 值按强度递减的次序排列。

（2）在数字索引中找到对应的 d_1（最强线的面间距）组。

（3）按次强线的面间距 d_2 找到接近的几列。

（4）检查这几列数据中的第三个 d 值是否与待测样的数据对应，再查看第四至第八强线数据并进行对照，最后从中找出最可能的物相及其卡片号。

（5）找出可能的标准卡片，将实验所得 d 及 I/I_1 跟卡片上的数据详细对照，如果完全符合，物相鉴定即告完成。

如果待测样的数据与标准数据不符，则须重新排列组合并重复步骤（2）~（5）的检索手续。如为多相物质，当找出第一物相之后，可将其线条剔出，并将留下线条的强度重新归一化，再按步骤（1）~（5）进行检索，直到得出正确答案。

2. 特征峰法

对于经常使用的样品，其衍射谱图应该充分了解掌握，可根据其谱图特征进行初步判断。例如在 $26.5°$ 左右有一强峰，在 $68°$ 左右有五指峰出现，则可初步判定样品含 SiO_2。

【思考题】

1. X 射线产生的原理是什么？

2. 为什么待测试样表面必须为平面？

3. 在连续扫描测量中，为什么要采用 $\theta \sim 2\theta$ 联动的方式？

实验四十九　拉曼光谱法定量分析乙醇含量

【实验目的】

1. 掌握拉曼散射的基本原理。
2. 熟悉拉曼光谱仪器的构成。
3. 掌握拉曼光谱测试乙醇含量的主要操作。

【实验原理】

按散射光相对于入射光波数的改变情况，可将散射光分为瑞利散射、布利源散射、拉曼散射：其中瑞利散射最强，拉曼散射最弱。在经典理论中，拉曼散射可以看作入射光的电磁波是原子或分子电极化以后产生的。因为原子和分子都是可以极化的，因而产生瑞利散射，因为极化率又随着分子内部的运动（转动、振动等）而变化，所以产生拉曼散射。

如果光线射向透明物体，光与物体内的粒子发生碰撞时就产生了散射现象。大部分的散射光子与入射光具有相同的频率。具有不同频率的散射光现象就是拉曼散射。拉曼散射是最弱的，通常小于入射光的 10^{-6}。实验得到的拉曼散射光谱图，其谱线有三个明显的特征：

（1）拉曼散射谱线波数随入射光波数变化而变化。对同一样品，同一拉曼线的波数差不变。

（2）若以入射光波数为中心点，两边分别是斯托克斯线与反斯托克斯线。

（3）一般情况下，斯托克斯线的强度大于反斯托克斯线。

拉曼散射的强度 I 与多种影响因素有关，数学表达可以简化为

$$I = KN\sigma I_0$$

式中，σ 为拉曼散射截面积；I 为入射光强度；N 为被探测体积内的分子数；K 为相关比例常数，K 值与实验仪器以及拉曼散射的效率相关联。通常情况下，拉曼散射的强度与检测物质的浓度一般呈线性关系，但拉曼散射强度还受到实验过程中其他测试条件的影响（例如激发光强度、设备的相关光学配置和结构以及校准样品等），因此不能与检测目标的浓度直接联系起来，必须排除实验过程中测试条件对结果的影响，基于相对强度的拉曼光谱归一化方法是消除该影响最有效的方法。数学表达式为

$$I^* = \frac{I}{I_R} = \frac{N}{N_R} \frac{\sigma}{\sigma_R} \tag{14-6}$$

式中，下标 R 表示实验过程中作为对照所建立的参考系，在实际测量过程中需保证参考系内的拉曼光谱测量条件与被测样品完全相同。被探测体积内的分子数可以用于拉曼定量分析，数学定义为

$$N = \frac{\sigma_R}{\sigma} N_R \frac{I}{I_R} \tag{14-7}$$

式中，σ_R/σ 可以看作是一个常数，作为对照的参考系在与被测样品处于完全相同的基准下，相对拉曼强度 I/I_R 就可直接与浓度相关联，从而作为被测样品浓度定量分析的参照。

目前，拉曼光谱的定量分析方法主要以相对强度为基准，包括内标法和外标法。外标法要求样品和相应标定物的拉曼光谱需连续采集，以便通过外标物对拉曼信号进行校正，但采

集过程的不同步性使得采集条件不可避免地会有差异。而内标法所用的标定物存在于样品中，样品和内标物的拉曼信号在同一条件下同时采集，比外标法更适合于拉曼强度的校正。

【仪器与试剂】

1. 仪器：RLE-RI02 拉曼光谱检测系统（北京杏林睿光科技有限公司）。
2. 试剂：无水乙醇（AR，≥99.7%），四氯化碳（AR，≥99.5%），去离子水。

【实验步骤】

1. 实验参数

选用 RLE-RI02 拉曼光谱检测系统，该检测系统由光谱仪（波段 350～1050nm，分辨率～1nm，积分时间 0～10s 可调）、电荷耦合元件 CCD（采用 2048 Pixels，在垂直方向的感光面上像素尺寸为 $14\mu m \times 200\mu m$）、激光器［采用波长（785±0.5）nm 的半导体激光器，线宽＜0.1nm，功率支持 0～500mW 线性可调节］、拉曼探头（瑞利散射截止深度 OD6，焦距为 8mm）。

2. 标准曲线的配制

用去离子水将无水乙醇稀释至浓度分别为 88%～99.7% 的标准溶液，浓度间隔为 2%。

3. 测定

取各浓度样品溶液 2mL 于比色皿中，分别放入待检测样品池进行测定，采集样品拉曼光谱并记录其光谱数据。为降低仪器响应时间对光谱数据的影响，测量时选择单步测量，并在测量前扣除暗背景及背景噪声。激光功率为 500mW，拉曼光谱仪扫描光谱波数范围 125～3350cm^{-1}，拉曼信号相对强度范围以最高峰值为参考，实验中取 0～1300，积分时间 2s，积分次数 1 次。重复测量三次并取平均值。

【数据处理】

1. 绘制标准曲线。
2. 样品测定结果计算。

【思考题】

1. 拉曼光谱测定乙醇的原理是什么？
2. 测定波长为什么需要设定为（785±0.5）nm？

第 15 章

仪器分析的质量保证和质量控制

计算机技术的迅速发展为分析技术带来了不断的更新，同时出现了各种现代化的分析仪器和技术，也为分析工作人员提供快捷方便的检测分析手段。这不仅减少了劳动的强度，而且极大程度地提高了工作的效率，从而使分析工作人员能够从费时、费力的化学方法中解脱出来。将计算机应用在分析仪器上，使得仪器操作过程简单，分析人员的学习掌握时间缩短，这样会使人产生一种错觉，认为只需简单操作分析仪器，便可以知道分析的结果。然而想得到更加准确的分析结果，仅仅使用仪器设备是远远不足的，还需要对其进行分析的质量加以控制，以此来提高现代化仪器分析的可靠性和准确性。首先需要提高工作人员的素质，然后保证分析仪器的性能，选择合适的样品处理方法，选择正确的标准，确保所使用的试剂安全无污染，最后选择合适的分析方法等，这些因素均会影响仪器分析的质量，为了保证和控制仪器分析的质量，需要重视以下几个方面的内容。

15.1 质量保证与质量控制概述

15.1.1 分析结果的可靠性

（1）代表性

分析结果的代表性往往取决于分析试样的代表性，指在具有代表性的时间、地点和环境影响等条件下按规定的采样要求采集有效样品。所采集的样品必须能反映实际情况，分析结果才有效。

（2）准确性

准确性指测量值与真实值的符合程度，受到试样的采集、保存、运输、实验室分析等环节的影响，是反映分析方法或测量系统存在的系统误差的综合指标，决定着分析结果的可靠性，用绝对误差或相对误差表示。准确性的评价方法有标准样品分析、回收率测定、不同方法的比较。

（3）精密性

精密性表示测定值有无良好的平行性、重复性和再现性，反映分析方法或测量系统存在的随机误差的大小。精密性通常用极差、平均偏差和相对平均偏差、标准偏差和相对标准偏差表示。要注意以下问题。

① 分析结果的精密度与待测物质的浓度水平有关，应取两个或两个以上不同浓度水平的样品进行分析方法精密度的检查。

② 精密度会因测定实验条件的改变而变动，最好将组成固定的样品分为若干批分散在适当长的时期内进行分析，检查精密度。

③ 要有足够的测定次数。

④ 以分析标准溶液的办法了解方法精密度，与分析实际样品的精密度存在一定的差异。

(4) 可比性

可比性是指用不同分析方法测定同一样品时，所得出结果的吻合程度。使用不同标准分析方法测定标准样品得出的数据应具有良好的可比性。要求各实验室对同一样品的分析结果应相互可比。要求每个实验室对同一样品的分析结果应达到相关项目之间的数据可比。相同项目在没有特殊情况时，历年同期的数据也是可比的。在此基础上，还应通过标准物质的量值传递与溯源，实现国际、行业间的数据一致、可比，以及大的环境区域之间、不同时间分析数据的可比。

(5) 完整性

完整性是指强调工作总体规划的切实完成，即保证按预期计划取得系统和连续的有效样品，无缺漏地获得这些样品的分析结果及有关信息。

分析结果的准确性、精密性突出在实验室内分析测试。分析结果代表性、完整性则突出在现场调查、设计布点和采样保存等过程。可比性则是全过程的综合反映。分析数据只有达到代表性、准确性、精密性、可比性和完整性，才是正确可靠的，也才能在使用中具有权威性和法律性。"错误的数据比没有数据更可怕，因为它会导致一系列错误的结论。"

15.1.2　分析方法的可靠性

(1) 灵敏度

灵敏度是指某方法对单位浓度或单位量待测物质变化所产生的响应量的变化程度。它可以用仪器的响应量或其他指示量与对应的待测物质的浓度或量之比来描述。

(2) 置信度

置信度也称为置信区间。一个概率样本的置信区间是对这个样本的某个总体参数的区间估计。置信区间展现的是这个参数的真实值有一定概率落在测量结果的周围的程度。置信区间给出的是被测量参数的测量值的可信程度，即前面所要求的"一定概率"。这个概率被称为置信水平。

(3) 检出限

检出限为某特定分析方法在给定的置信度内可从试样中检测出待测物质的最小浓度或最小量。检出限除了与分析中所用试剂和水的空白有关外，还与仪器的稳定性及噪声水平有关。检出限有仪器检出限和方法检出限两类。

灵敏度和检出限从不同角度反映检测器对测定物质敏感程度。

a. 仪器检出限：指产生的信号比仪器信噪比大 3 倍待测物质的浓度，不同仪器检出限定义有所差别。

b. 方法检出限：指当用一完整的方法，在 99% 置信度内，产生的信号不同于空白中被测物质的浓度。

（4）空白值

空白值就是除了不加样品外，按照样品分析的操作过程和条件进行实验得到的分析结果，全面地反映了分析实验室和分析人员的水平。当样品中待测物质与空白值处于同一数量级时，空白值的大小及其波动性对样品中待测物质分析的准确度影响很大，直接影响测定下限的可信程度。以引入杂质为主的空白值，其大小与波动无直接关系；以污染为主的空白值，其大小与波动的关系密切。

（5）测定限

测定限为定量范围的两端，分别为测定上限与测定下限，随精密度要求不同而不同。

a. 测定下限：在测定误差达到要求的前提下，能准确地定量测定待测物质的最小浓度或量，称为该方法的测定下限。

b. 测定上限：在测定误差能满足预定要求的前提下，用特定方法能够准确地定量测量待测物质的最大浓度或量，称为该方法的测定上限。

图 15-1 为精密度和浓度的关系。

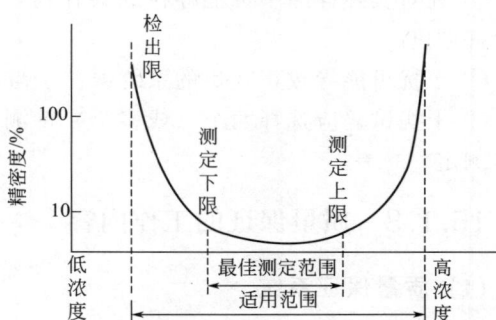

图 15-1　精密度和浓度的关系

（6）最佳测定范围

最佳测定范围亦称有效测定范围，指在测定误差能满足预定要求的前提下，特定方法的测定下限至测定上限之间的浓度范围。对测量结果的精密度要求越高，相应最佳测定范围越小。

（7）校准曲线

校准曲线是描述待测物质浓度或量与相应的测量仪器响应或其他指示量之间的定量关系曲线，包括标准曲线和工作曲线。凡应用校准曲线的分析方法，都是在样品测得信号值后，从校准曲线上查得其含量（或浓度）。因此，校准曲线绘制的准确与否，将直接影响到试样分析结果的准确性。此外，校准曲线也确定了方法的测定范围。

a. 标准曲线：用标准溶液系列直接测量，没有经过样品的预处理过程，这对于基体复杂的样品往往造成较大误差。

b. 工作曲线：所使用的标准溶液经过了与样品相同的消解、净化、测量等全过程。

绘制准确的校准曲线，直接影响到样品分析结果的准确与否。此外，校准曲线也确定了方法的测定范围。

（8）加标回收率

加标回收率指在测定试样的同时，在同一试样的子样中加入一定量的标准物质进行测定，并将其测定结果扣除试样的测定值，以此来计算回收率。它可以反映分析结果的准确度。当按照平行加标进行回收率测定时，所得结果既可以反映分析结果的准确性，也可以判断其精密度。

在进行加标回收率测定时，还应注意以下几点。

① 加标物的形态应该和待测物的形态相同。

② 加标量应和样品中所含待测物的量控制在相同的范围内，通常做如下规定。

a. 加标量应与待测物含量相等或相近，注意样品容积的影响；

b. 当待测物含量接近方法检出限时，加标量应在校准曲线低浓度范围；

c. 在任何情况下加标量均不得大于待测物含量的 3 倍；

d. 加标后的测定值不应超出方法的测量上限的 90%。

③ 由于加标样和样品的分析条件完全相同，其中干扰物质和不正确操作等因素所导致的效果相等。当以其测定结果的差计算回收率时，常不能准确反映样品测定结果的实际差错。

（9）干扰试验

① 针对实际样品中可能存在的共存物，检验其是否对测定有干扰，并了解共存物的最大允许浓度。

② 干扰可能导致正或负的系统误差，与待测物浓度和共存物浓度大小有关。

③ 干扰试验应选择两个（或多个）待测物浓度值和不同水平的共存物浓度的溶液进行试验测定。

15.1.3　质量保证的工作内容

（1）质量保证系统

质量保证是在影响数据有效性的所有相关方面采取一系列的有效措施，将误差控制在一定的允许范围内，是对整个分析过程的全面质量管理。

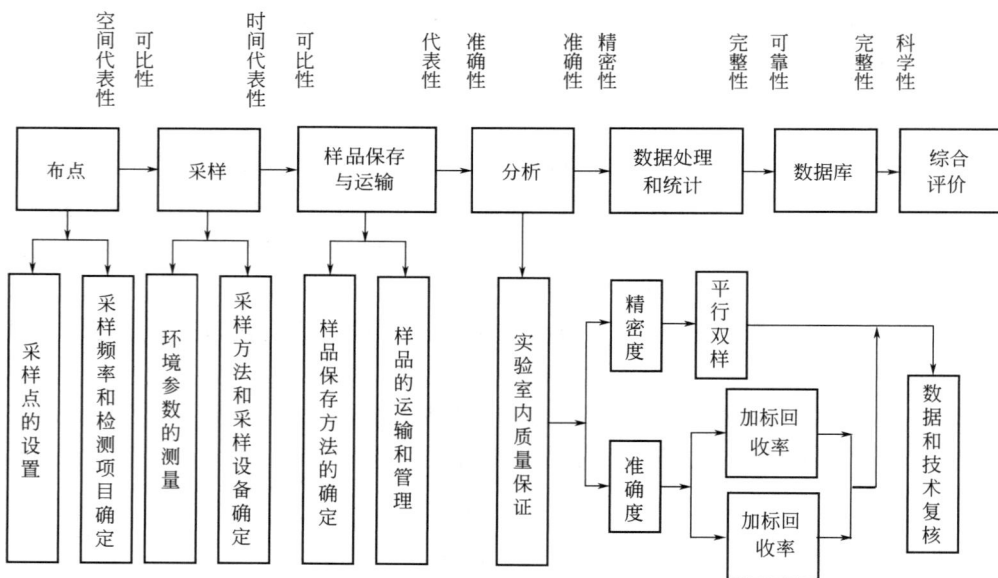

图 15-2　分析全过程框图

（2）质量保证内容

质量保证内容包括：人员素质、分析方法的选定、布点采样方案和措施、实验室内质量控制、实验室间质量控制、数据处理和报告审核等一系列质量保证措施和技术要求。分析全过程框图如图 15-2 所示。

（3）质量保证的实施

① 建立质量保证管理体系；

② 提高人员素质，实行考核持证上岗；

③ 重视质量保证的基础工作。

15.2 分析全过程的质量保证与质量控制

15.2.1 采样过程质量保证和质量控制

（1）采样过程质量保证的基本要求

a. 具有与开展的工作相适应的有关的试样采集文件化程序和相应的统计技术。

b. 建立并保证切实贯彻执行有关试样采集管理的规章制度，严格执行试样采集规范和统一的采样方法。

c. 所有采样人员必须经过采样技术、试样保存、处置和储运等方面的技术训练，并已切实掌握并能熟练运用相关技术保证采样质量。

d. 有明确的采样质量保证责任制度和措施，确保试样在采集、储存、处理、运输过程中不变质、不损坏、不混淆。

e. 加强试样采集、运输、交接等记录管理，保证其记录的真实、可靠、准确，同时要随时注意进行试样跟踪观察，确保其代表性。

（2）采样过程质量保证的控制措施

质量保证一般采用现场空白、运输空白、现场平行样和现场加标样或质控样及设备、材料空白等方法对采样进行跟踪控制。

现场采样质量保证作为质量保证的一部分，它与实验室分析和数据管理质量保证一起，共同确保分析数据具有一定的可信度。

现场加标样或质控样的数量一般控制在样品总量的 10% 左右，但每批样品不少于 2 个。设备、材料空白是指用纯水浸泡采样设备及材料作为样品，这些空白用来检验采样设备、材料的沾污状况。可适当采取一定的防污染措施。

15.2.2 分析中的质量保证和质量控制

（1）实验室质量保证

a. 人员的技术能力。

b. 分析仪器设备的管理与定期检查。

c. 实验室应具备的基础条件；技术管理与质量管理制度；实验室环境；实验用水；实验器皿；化学试剂；溶液配制和标准溶液的标定；技术资料。

（2）实验室内质量控制

实验室内质量控制包括实验室内自控和他控，保证分析结果的精密度和准确度在给定的置信水平内，达到规定的质量要求。

① 分析方法选定

a. 权威性　有标准分析方法时，优先选用标准方法。使用非标准方法时，必须与委托方协商一致，制定详细有效的方法文件，并提供给委托方或其他接收单位。

b. 灵敏性　检出限至少小于要求标准值的 1/3，并力求低于标准值的 1/10，以准确判断是否超标。

c. 稳定性　能够较好地保证分析结果的重复性、再现性，并对各种试样都能得到相近的准确度和精密度。

d. 选择性　抗干扰能力要强。

e. 实用性　测试使用的试剂和仪器易得，操作方法尽量简便快捷，尽可能采用国内外的新技术和新方法。

② 质控基础实验　质控基础实验包括全程序空白值测定、分析方法检出限测定、标准曲线的绘制、分析方法的精密度测定、分析方法的准确度测定、干扰因素的测定等。

③ 实验分析质控程序　核对采样单、容器编号、包装情况、保存条件和有效期等，符合要求的样品方可开展分析。

实验室空白：消除空白值偏高的因素。

a. 试样分析　同时进行校准曲线制作。

b. 精密度控制　平行双样（10%）。

c. 准确度控制　采用标准物质或质控样品作为控制手段。质控样品的分析结果应控制在 90%～110%范围，标准物质分析结果应控制在 95%～105%范围，痕量物质的分析结果应控制在 60%～140%范围，复杂基质样品应加标回收分析。

④ 常规质量控制技术　平行样分析：将同一试样的两份或多份子样在完全相同的条件下进行同步分析，一般做双份平行。它能反映分析结果的精密度。

加标回收分析：按随机抽取 10%～20%的试样量做加标回收率分析，所得结果可按方法规定的水平进行判断，或在质量控制图中检验。两者都无依据时，可按 95%～105%的域限做判断。它能够反映分析结果的准确度。

密码加标样分析：由质控人员在随机抽取的常规试样中加入适量标准物质（或标准溶液），与试样同时交付分析人员进行分析，由质控人员计算加标回收率，以控制分析结果的精密度和准确度。它是一种他控方式的质量控制技术。

标准物比对分析：在进行试样分析的同时，平行对权威部门制备和分发的标准物质或标准合成试样进行分析，并将此分析结果与已知浓度试样进行对照，以控制分析结果的准确度；或者将平行样或加标样的一部分或全部用来做密码样分析，以检查分析质量。

方法对照分析：应用具有可比性的不同分析方法，对同一试样进行分析，将所得测定值互相比较，根据其符合程度估计测定的准确度，常用于难度较大而不易掌握的分析方法，或对测定结果有争议的试样。

⑤ 质控图

a. 质控图的作用　证实测量系统是否处于统计控制状态之中，直观地描述数据质量的变化情况，监视分析过程，及时发现分析误差的异常变化或变化趋势，判断分析结果的质量是否异常，从而采取必要的措施加以纠正；累积大量数据，从而得到比较可靠的置信限。

b. 质控图基本原理　一组连续测试结果，从概率意义上来说，有 99.7％的概率落在上 3s（即上、下控制限——UCL、LCL）内；95.4％应在 2s（即上、下警告限——UWL、LWL）内；68.3％应在 s（即上、下辅助限——UAL、LAL）内。

以测定结果为纵坐标，测定顺序为横坐标，预期值为中心线，3s 为控制限，表示测定结果的可接受范围；2s 为警告限，表示测定结果目标值区域，超过此范围给予警告，应引起注意；s 则为检查测定结果质量的辅助指标所在区间。

c. 质控图的绘制　按照所选质控图的要求积累数据，经过统计处理，求得各项统计量，绘制出质控图（图 15-3）。

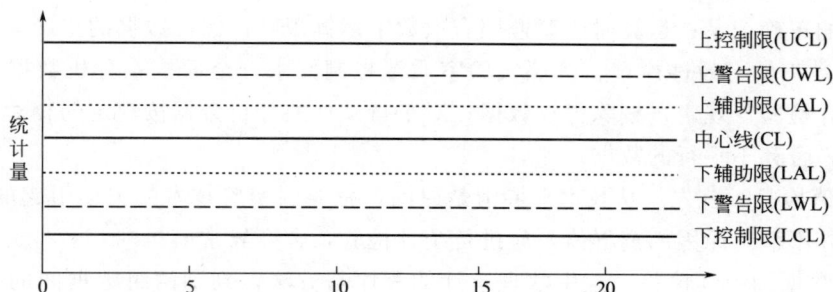

图 15-3　质控图示意图

d. 检验　将绘制质控图的全部数据按顺序绘入图中，超出控制限以外的点剔除，重新补做，重新计算统计量值。反复进行直至落在控制域限内的点数符合要求为止。分布在上、下辅助线之间的点数若低于 50％，表示点的分布不合理，图不可靠，应重做。相邻 3 个点中 2 个点接近控制限时，表示工作质量异常，应立即停止实验，查明原因，补充不少于 5 个数据，再重新计算统计量值。绘图连续 7 个点位于中心线同一侧，表示工作不在受控状态，此图不适用相应的位置。

e. 使用　常规分析中，把标准物质（或质控样）与试样在同样条件下进行分析，若标准物质（或质控样）的测定结果落在上、下警告限之内，表示分析质量正常，试样测定结果可信。

f. 应用范围　可对标准物质、质控试样、平行试样、仪器工作特性、操作者、工作曲线斜率、校正点、空白、关键操作步骤及回收率作质控图。

（3）实验室间质量控制

实验室间质量控制亦称外部质量控制，指由外部有工作经验和技术水平的第三方或技术组织，对各实验室及其分析工作者进行定期或不定期的分析质量考查的过程。

（4）实验室质量审核

① 实验室内审核　一般由实验室内质量监督员对质量保证进行情况进行监督与检查，目的在于检验实验室的能力，评价全部数据的准确度，确保测定过程能够处于受控状态。

② 实验室间审核　基本上遵从实验室内审核的形式。通常是查明原则、规范和标准的适应性，要求强制记录。

15.2.3　分析后的质量保证和质量控制

（1）数据处理的质量保证

① 分析数据处理的基本要求

a. 遵守计算规则，减少计算误差。

b. 谨慎对待异常值的取舍。

c. 建立严格的数据审核制度。

② 分析数据处理的主要内容

a. 分析数据的记录整理　考虑计量器具的精密度、准确度及测试人员的读数误差，保证原始数据的正确记录；运算时注意遵照有效数字运算规则，保证数据的正确运算。

b. 分析数据的有效性检查　按照实验室质量控制要求，全面检查分析数据；根据"离群数据的统计检验"规定，剔除失控数据；对平行试样的分析数据按规定的相对误差容许范围进行检查，舍弃不平行的数据。

c. 离群值检验　首先，从技术上弄清楚原因，舍弃因实验技术的失误引起的离群数据；其次，对于弄不清楚原因的离群值，应进行统计检验，舍弃异常值。

d. 分析数据的统计检验　运用数理统计的程序与方法，判别两组数据间的差异是否显著，从而更合理地使用数据和做出确切的结论。常用 t 检验法和 F 检验法。

e. 分析数据方差分析　通过分析数据，弄清与研究对象有关的各个因素对该对象是否存在影响以及影响程度和性质。

f. 分析数据回归分析　研究各因素变量相互关系的统计方法，主要用于建立校准曲线，进行同一试样不同分析项目数据间的相关分析，不同仪器测定同一物质所得结果的相关分析，不同时期物质浓度的相关分析，不同测定方法所得结果的相关分析。

（2）综合评价的质量保证

① 分析数据的表达　为便于对原始数据进行分析和解释，通常使用图、表来表示分析数据。

② 分析数据的概括　运用科学的方法，从大量的原始分析数据中，尽量抽取能够反映规律特征的数据，并对其做进一步的分析和解释，从而完成质量的认识过程，主要有频数分布概括法、中心趋势法、分散度法和空间概括法等。

③ 分析数据的分析　运用数学的方法和系统分析方法对分析数据进行完整性、规律性、周期性和趋势性分析，揭示分析对象宏观情况。

④ 分析数据的解释　在数据分析的基础上，结合不同分析目的，对分析结果的意义进行解释和说明。

⑤ 分析结果的综合评价　在对各种分析数据资料归纳分析和解释的基础上，对分析结果做一个更高层次的宏观概括，反映各种分析数据、资料所提供的信息与分析对象整体的关系，主要有图形叠置法、列表清单法、矩阵法、指数法和网络法等。

15.2.4　质量控制的标准化操作程序

质量控制的标准化操作程序如表 15-1 所示。

表 15-1　标准化操作程序规定的内容

分类	规定内容
各种试剂、标准样品等	①领取采样用试剂。 　　a. 检查生产厂家、纯度、规格、有效期等。 　　b. 纯化、溶液配制、保存及处理方法。 ②领取分析用试剂及标准样品。 　　a. 标准储备液及标准使用液的准备(标准及检查制造厂家、浓度、制作方法等)。 　　b. 制备标准溶液的保存及处理方法
采样及预处理	①组装采样装置，流量等的校正，熟知操作方法。 　　a. 采样方法及性能的确认。 　　b. 采样设备及容器的使用情况、清洗方法及操作空白检查确认。 ②预处理方法及使用设备、器皿的性能确认方法(回收率、待测物质稳定性或分解率等)。 　　确认操作空白
仪器分析	①分析仪器的定期检定、清扫、维护保养、使用情况及标准方法。确定、调整分析仪器的测定条件、校正方法(分离性能、灵敏度、检测限等)。 ②确定进样操作方法。 ③记录方式及取得数据、储存及检索。操作空白值，现场空白值，确认空白漂移情况
数据处理及记录等	①数据处理、保存及检索。 ②利用仪器的微机系统处理。 ③测定操作的全程序记录及保存

15.2.5　实验室质量保证体系

(1) 有关质量体系的基本概念

① 质量方针　指由某组织的最高管理者正式发布的该组织的质量宗旨和质量方向。它的制订和实施与组织的每一个成员密切相关。

② 质量管理　指在质量体系中通过诸如质量策划、质量控制、质量保证和质量改进使其实施全部管理职能的所有活动。组织内所有成员都必须参与质量管理活动。

③ 质量控制　指为了达到质量要求所采取的作业技术和活动。

④ 质量保证　指为了提供足够的信任表明实体能够满足质量要求，而在质量体系中实施并根据需要进行证实的全部有计划和有系统的活动，可分为内部质量保证和外部质量保证两部分。有效的质量保证必须重视审核和评审，重视验证工作，重视提供证据。

⑤ 质量体系　指为了实施质量管理所需的组织结构、程序、过程和资源。其重点是预防质量问题的发生。

⑥ 质量审核　指确定质量活动和有关结果是否符合计划的安排，以及这些安排是否有效地实施并适用于达到预定目标的有系统的独立检查。

⑦ 管理审评　指由最高管理者就质量方针和目标，对质量体系的现状和适应性进行的正式评价。

⑧ 质量计划　指针对特定的产品、项目或合同，规定专门的质量措施、资源和活动顺序的文件。它是参照质量手册中适用于特定情况的有关部分。

(2) 质量保证体系的构成和质量职能的分配

质量保证体系的构成和质量职能的分配如图 15-4 所示。

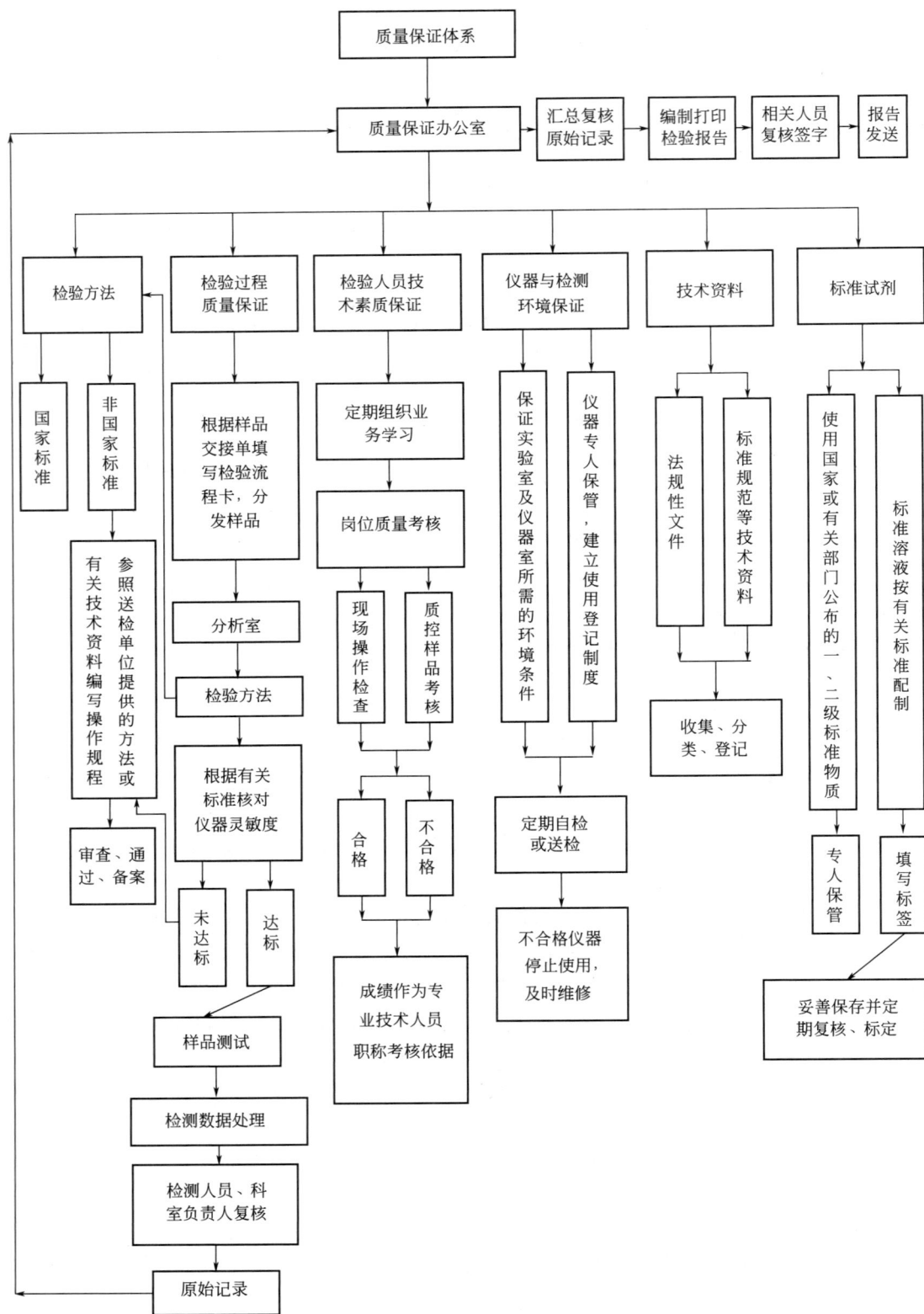

图 15-4　质量保证体系的构成和质量职能的分配图

15.3 标准方法与标准物质

15.3.1 标准分类与标准化

(1) 标准分类

① 层级分类法：国家标准、行业标准、地方标准、企业标准。
② 性质分类法：强制性标准、推荐性标准。
③ 属性分类法：技术标准、管理标准、工作标准。
④ 对象分类法：基础、安全、环保、产品、卫生、方法标准等。

(2) 标准化

标准化是指在经济、技术、科学及管理等社会实践中，对重复性事物和概念通过制定、发布和实施标准达到统一，以获得最佳秩序和社会效益。

15.3.2 分析方法标准

分析方法标准是方法标准中的一种。它是对各种分析方法中的重复性事物和概念所作的规定。分析方法标准的内容包括方法的类别、适用范围、原理、试剂或材料、仪器或设备、采样、分析或操作、结果的计算、结果的数据处理等。

(1) 分析方法标准的影响因素

分析方法标准的影响因素有准确度、精密度、灵敏度、检出限、空白值、线性范围、耐变性。

一个理想的分析方法应具有的特点是：准确度好、精密度高、灵敏度高、检出限低、分析空白值低、线性范围宽、耐变性强、适用性强、操作简便、容易掌握、消耗费用低等。

(2) 分析方法标准的编写格式

分析方法标准的编写应遵守 GB/T 20001.4—2015《标准编写规则 第 4 部分：试验方法标准》。方法尽可能写得清楚，减少含糊不清的词句。应按国家规定的技术名词、术语、法定计量单位，用通俗的语言编写，并且有一定的格式，通常包括下列内容：方法的编写、方法发布日期及施行日期、标题、引用标准或参考文献、方法适用范围、基本原理、仪器和试剂、方法步骤、计算、统计、注释和附加说明。

15.3.3 标准物质与标准样品

(1) 标准物质的基本特征

标准物质的基本特征包括材质均匀性、量值稳定性、量值准确性、量值重复性、自身消耗性、量值保证书。

(2) 标准物质的主要用途

标准物质的主要用途包括分析的质量保证、分析仪器的校准、评估分析数据的准确度、创新方法的研究和验证、评价和提高协作实验结果的精密度与准确度、工作标准、控制标准。

（3）标准物质的分类和选择原则

国际纯粹与应用化学联合会（IUPAC）分类法：原子量标准的参比物质、基础标准、一级标准、工作标准、二级标准、标准参考物质、传递标准。

按审批者的权限水平分类法：国际标准物质、国家一级标准物质、地方标准物质。

标准物质的选择原则：分析方法的基体效应与干扰组分、定量范围、进样方式与进样量、被测样品的基体组成、测定结果欲达到的准确水平等。

a. 采用与待测样品相类似的标准物质。

b. 标准物质的准确度水平应与期望分析结果的准确度相匹配。

c. 所选标准物质的浓度水平与直接用途相适应。

（4）标准物质的使用

a. 必须注意选用标准物质的适用性，避免基体效应误差。

b. 建立标准物质台账，实施统一的标识制度，防止误用和混淆。

c. 严格按规定条件保存标准物质，实行专人负责制和专柜存储制，防止变质和损坏。

d. 建立标准物质使用程序和登记制度。

e. 使用标准物质对量值进行校验时，测定系统必须处于质量控制状态下。

f. 注意标准物质基体、浓度等与待测试样的类似性，排除基体干扰和浓度误差。

g. 按标准物质最小取样量规定取样，尽量减小取样误差。

h. 不得使用过期或无许可证的标准物质。

（5）标准试样

标准试样是为保证国家标准、行业标准的实施而制定的国家实物标准试样。

（6）质量控制样

质量控制样是为了控制实验室内分析的精密度而使用的试样。

15.4 不确定度和溯源性

（1）不确定度定义

不确定度是测量不确定度的简称，指分析结果的正确性或准确性的可疑程度。它是用于表达分析质量优劣的一个指标，是合理地表征测量值或其误差离散程度的一个参数。它定量地表述了分析结果的可疑程度，定量地说明了实验室（包括所用设备和条件）分析能力水平，常作为计量认证、质量认证以及实验室认可等活动的重要依据之一。

（2）溯源性定义

通过一条具有规定不确定度的不间断的比较链，使测量结果或测量标准的值能够与规定的参考标准（通常是与国家测量标准或国际测量标准）联系起来的特性，即为溯源性。

（3）不确定度的分类

标准不确定度：用标准偏差表示的分析结果的不确定度。

扩展不确定度：提供了一个区间，分析值以一定的置信水平落在这个区间内。扩展不确定度一般是这个区间的半宽。

（4）不确定度的来源

不确定度的来源：对试样的定义不完整或不完善；分析的方法不理想；采样的代表性不够；对分析过程中环境影响的认识不周全，或环境条件的控制不完善；对仪器的读数存在偏差；分析仪器计量性能（灵敏度、分辨力、稳定性等）上的局限性；标准物质的标准值不准确；引进的数据或其他参数的不确定度；与分析方法和分析程序有关的近似性和假定性；在表面上看来完全相同的条件下，分析时重复观测值的变化。

（5）不确定度的评估过程

不确定度的评估过程如图 15-5 所示。

（6）误差和不确定度

误差是一个单一值，表示分析相对真实值的偏离，有正、负号，其值为分析结果减去真实值。误差是客观存在的，不以人的认识程度而改变。由于真实值未知，往往不能准确得到，当用约定真实值代替真实值时，可以得到其估计值。误差按性质可分为随机误差、系统误差和过失误差。随机误差和系统误差都是无穷多次分析情况下的概念。已知系统误差的估计值时可以对分析结果进行修正，得到已修正的分析结果。

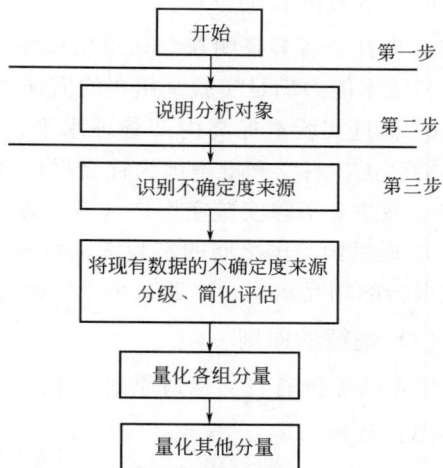

图 15-5　不确定度的评估过程

不确定度是区间形式，可用于其所描述的所有分析值，表示分析结果的离散性，属于无符号的参数，用标准差或者标准差的倍数或置信区间的半宽表示，与人们对分析对象、影响因素及分析过程的认识有关。不确定度可以由人们根据实验、资料、经验等信息进行评定，从而可以定量估计。不确定度分量评定时一般不必区分其性质，若需要区分时应表述为："由随机效应引入的不确定度分量"和"由系统效应引入的不确定度分量"。但是不能用不确定度对分析结果进行修正，在已修正的分析结果的不确定度中应考虑修正不完善而引入的不确定度。

（7）分析过程结果的溯源性的建立

a. 使用可溯源标准来校准测量仪器。

b. 通过使用基准方法或与基准方法的结果比较。

c. 使用纯物质的标准物质 RM。

d. 使用含有合适基体的有认证的标准物质 CRM。

e. 使用公认的、规定严谨的程序。

15.5　实验室认可、计量认证及审查认可

15.5.1　实验室认可

实验室认可指权威机构给予某实验室具有执行规定任务能力的正式承认。在我国，主管

实验室认可工作的政府机构是国务院标准化和计量行政主管部门——国家市场监督管理总局。中国实验室国家认可委员会（CNACL）是统一负责实验室资格认可及获准认可后日常监督的评定组织。

（1）认可的目的

a. 向社会各界证明获准认可实验室（主要是提供校准、检验和测试服务的实验室）的体系和技术能力满足实验室用户的需要。

b. 促进实验室提高内部管理水平、技术能力、服务质量和服务水平，增强竞争能力，使其能公正、科学和准确地为社会提供高信誉的服务。

c. 减少和消除实验室用户（第二方）对实验室进行的重复评审或认可。

d. 通过国与国之间的实验室认可机构签订相互承认协议来达到对认可的实验室出具证书或报告的相互承认，以此减少重复检验，消除贸易技术壁垒，促进国际贸易。

（2）遵循的原则

遵循的原则有自愿申请原则、非歧视原则、专家评审原则、国家认可原则。

（3）程序

实验室认可的程序为申请阶段、评审阶段、认可阶段。

15.5.2　计量认证

省级以上计量行政部门根据《计量法》的规定，对产品质量检查机构的计量检定、测试能力和可靠性、公正性进行考核。

计量认证的主要目的是：保障全国计量单位制的统一和量值的准确可靠；提高质检机构的知名度和竞争力；提高质检机构的管理能力、检测技术水平和第三方公正性，使"测量数据"受到法律承认和保护；确立质检机构的合法地位和权威；为国际检测数据的相互承认与国际接轨创造条件。

15.5.3　审查认可

审查认可指政府质量技术监督行政部门依据《中华人民共和国标准化法》《中华人民共和国标准化法实施条例》以及《中华人民共和国产品质量法》的规定，对依法设置或授权承担产品质量监督检验任务的产品质量监督检验机构的设立条件、界定任务范围、检验能力考核、最终授权的强制性管理手段。

第 16 章

实验数据的统计分析和模拟

16.1　相关概念

16.1.1　数据的准确度和精度

在任何一项分析工作中，我们都可以看到用同一个分析方法测定同一个样品，虽然经过多次测定，但是测定结果总不会完全一样。这说明在测定中有误差。为此我们必须了解误差产生的原因及其表示方法，尽可能将误差减到最小，以提高分析结果的准确度。

16.1.1.1　真实值、平均值与中位数

（1）真实值

真实值（μ）简称真值，是指某物理量客观存在的确定值。通常一个物理量的真值是不知道的，是我们努力要求测到的。严格来讲，由于测量仪器、测定方法、环境、人的观察力、测量的程序等，都不可能是完美无缺的，故真值是无法测得的，是一个理想值。科学实验中真值的定义是：设在测量中观察的次数为无限多，则根据误差分布定律正负误差出现的概率相等，故将各观察值相加，加以平均，在无系统误差情况下，可能获得接近于真值的数值。故真值在现实中多是指观察次数无限多时，所求得的平均值（或是写入文献手册中所谓的公认值）。

（2）平均值

对仪器分析实验而言，观察的次数都是有限的，故用有限观察次数求出的平均值，只能是近似真值，或称为最佳值。一般我们称这一最佳值为平均值。常用的平均值有下列几种。

① 算术平均值　这种平均值最常用。凡测量值的分布服从正态分布时，用最小二乘法原理可以证明：在一组等精度的测量中，算术平均值为最佳值或最可信赖值。

$$\overline{x}=\frac{x_1+x_2+\cdots+x_n}{n}=\frac{\displaystyle\sum_{i=1}^{n}x_i}{n} \tag{16-1}$$

式中，x_1、x_2、$\cdots$、x_n 为各次观测值；n 为观察的次数。

② 均方根平均值:

$$\overline{x}_{均} = \sqrt{\frac{x_1^2 + x_2^2 + \cdots + x_n^2}{n}} = \sqrt{\frac{\sum\limits_{i=1}^{n} x_i^2}{n}} \tag{16-2}$$

③ 加权平均值　对同一物理量用不同方法去测定，或对同一物理量由不同的人去测定，计算平均值时，常对比较可靠的数值予以加重平均，称为加权平均值。

$$\overline{w} = \frac{w_1 x_1 + w_2 x_2 + \cdots + w_n x_n}{w_1 + w_2 + \cdots + w_n} = \frac{\sum\limits_{i=1}^{n} w_i x_i}{\sum\limits_{i=1}^{n} w_i} \tag{16-3}$$

式中，x_1、x_2、$\cdots$、x_n 为各次观测值；w_1、w_2、$\cdots$、w_n 为各测量值的对应权重。各观测值的权重一般凭经验确定。

④ 几何平均值:

$$\overline{x} = \sqrt[n]{x_1 x_2 x_3 \cdots x_n} \tag{16-4}$$

⑤ 对数平均值:

$$\overline{x}_n = \frac{x_1 - x_2}{\ln x_1 - \ln x_2} = \frac{x_1 - x_2}{\ln \dfrac{x_1}{x_2}} \tag{16-5}$$

以上介绍的各种平均值，目的是从一组测定值中找出最接近真值的那个值。平均值的选择主要取决于一组观测值的分布类型，在仪器分析实验研究中，数据分布较多属于正态分布，故通常采用算术平均值。

16.1.1.2　中位数

一组测量数据按大小顺序排列，中间一个数据即为中位数（x_m）。当测定次数为偶数时，中位数为中间相邻的两个数据的平均值。它的优点是能简便地说明一组测量数据的结果，不受两端具有过大误差的数据的影响，缺点是不能充分利用数据。

16.1.2　准确度与误差

准确度与误差是指测定值与真实值之间相符合的程度。准确度的高低常以误差的大小来衡量。即误差越小，准确度越高；误差越大，准确度越低。误差有两种表示方法：绝对误差和相对误差。

（1）绝对误差

某物理量在一系列测量中，某测量值与其真值之差称绝对误差。实际工作中常以最佳值代替真值，测量值与最佳值之差称为残余误差，习惯上也称为绝对误差。

$$绝对误差（E）=测定值（x）-真实值（\mu） \tag{16-6}$$

（2）相对误差

为了比较不同测量值的精确度，以绝对误差与真值（或近似用平均值）之比作为相对误差。

$$相对误差（RE）= \frac{测定值（x）-真实值（\mu）}{真实值（\mu）} \tag{16-7}$$

由于测定值可能大于真实值，也可能小于真实值，所以绝对误差和相对误差都有正、负之分。

绝对误差相同，相对误差可能相差很大。相对误差是指误差在真实值中所占的百分比率。用相对误差来衡量测定的准确度更具有实际意义。

但应注意，有时为了说明仪器测量的准确度，用绝对误差更清楚。例如分析天平的称量误差是 $\pm 0.0002g$，常量滴定的读数误差是 $\pm 0.01mL$ 等。这些都是用绝对误差来说明的。

16.1.3　精密度与偏差

精密度是指在相同条件下 n 次重复测定结果彼此相符合的程度。精密度的大小用偏差表示，偏差越小，说明精密度越高。

（1）偏差

偏差分为绝对偏差和相对偏差。

绝对偏差是指单次测定值与平均值的差值。

$$绝对偏差(d) = x - \overline{x} \tag{16-8}$$

相对偏差是指绝对偏差在平均值中所占的百分率。绝对偏差和相对偏差都有正负之分，单次测定的偏差之和等于零。对多次测定数据的精密度常用算术平均偏差表示。

$$相对偏差 = \frac{x - \overline{x}}{\overline{x}} \times 100\% \tag{16-9}$$

（2）算术平均偏差

算术平均偏差是指单次测定值与平均值的偏差（取绝对值）之和除以测定次数。

$$算数平均偏差(\overline{d}) = \frac{\sum |x_i - \overline{x}|}{n} \quad (i = 1, 2, \cdots, n) \tag{16-10}$$

算术平均偏差不计正负。

（3）标准偏差

在数理统计中常用标准偏差来衡量精密度。

① 总体标准偏差　总体标准偏差用来表达测定数据的分散程度，其数学表达式为：

$$总体标准偏差(\sigma) = \sqrt{\frac{\sum (x_i - \mu)^2}{n}} \tag{16-11}$$

式中，μ 是总体均值。

② 样本标准偏差　一般测定次数有限，σ 值不知道，只能用样本标准偏差来表示精密度，其数学表达式为：

$$样本标准偏差(S) = \sqrt{\frac{\sum (x_i - \overline{x})^2}{n-1}} \tag{16-12}$$

式中，$n-1$ 在统计学中称为自由度，意思是在 n 次测定中，只有 $n-1$ 个独立可变的偏差，因为 n 个绝对偏差之和等于零，所以只要知道 $n-1$ 个绝对偏差，就可以确定第 n 个的偏差。

③ 相对标准偏差　标准偏差在平均值中所占的百分率叫作相对标准偏差，也叫变异系数或变动系数（CV），其计算式为：

$$CV = \frac{S}{\overline{x}} \times 100\% \tag{16-13}$$

用标准偏差表示精密度比用算术平均偏差表示要好。因为单次测定值的偏差经平方后，较大的偏差就能显著地反映出来。所以生产中和科研中的分析报告中常用 CV 表示精密度。

④ 样本标准偏差的简化计算　按上述公式计算，需要先求出平均值，再求出（$x_i -$ $\bar{x}$），然后计算出 S 值，比较麻烦。可以通过数学推导，简化为下列等效公式：

$$S = \sqrt{\frac{\sum x_i^2 - (\sum x_i)^2/n}{n-1}}$$
（16-14）

利用这个公式，可直接从测定值来计算 S 值，而且很多计算器上都有 $\sum x$ 以及 $\sum x^2$ 功能，有的计算器上还有 S 及 σ 功能，所以计算 S 值还是十分方便的。

（4）极差

一般分析中，平行测定次数不多，常用极差（R）来说明偏差的范围，极差也称为"全距"。

$$R = 测定最大值 - 测定最小值$$
（16-15）

$$相对极差 = \frac{R}{\bar{x}} \times 100\%$$
（16-16）

（5）公差

公差也称允差，是指分析方法所允许的平行测定的绝对偏差，公差的数值是将多次测定的分析数据经过数理统计方法处理而确定的，生产实践中用以判断分析结果是否合格。若 2 次平行测定的数值之间在规定允差绝对值的 2 倍以内，认为有效，如果测定结果超出允许的公差范围，成为"超差"，就应重做。

这里要指出的是，以上公差表示方法只是其中的一种，在各种标准分析方法中公差的规定不尽相同，除上述表示方法外，还有用相对误差表示，或用绝对误差表示，要看公差的具体情况规定。

16.1.4　准确度与精密度的关系

关于准确度与精密度的关系的定义及确定方法在前面已有叙述。准确度和精密度是两个不同的概念，它们相互之间有一定的关系。准确度高，首先必须要求精密度也要高。但精密度高并不说明其准确度也高，因为可能在测定中存在系统误差，可以说精密度是保证准确度的先决条件。

16.2　误差的来源与消除方法

进行样品仪器分析的目的是获取准确的分析结果，然而即使用最可靠的分析方法，最精密的仪器，熟悉细致的操作，所测得的数据也不可能和真实值完全一致。这说明误差是客观存在的。但是如果我们掌握了产生误差的基本规律，就可以将误差减小到允许的范围内。为此必须了解误差产生的性质、产生的原因以及减免的方法。

根据误差产生的原因和性质，我们将误差分为系统误差和偶然误差两大类。

16.2.1　系统误差

系统误差又可称为可测误差。它是由分析操作过程中的某些经常原因造成的。在重复测定时，它会重复表现出来，对分析结果的影响比较固定。这种误差可以设法减小到可忽略的程度。检测分析中，将系统误差产生的原因归纳为以下几个方面。

（1）仪器误差

仪器误差是由使用仪器本身不够精密所造成的。如使用未经过校正的容量瓶、移液管和砝码等。

（2）方法误差

方法误差是由分析方法本身造成的。如在滴定过程中，由于反应进行得不完全，化学计量点和滴定终点不相符合，以及由于条件没有控制好和发生其他副反应等，都会引起系统的测定误差。

（3）试剂误差

试剂误差是由所用蒸馏水含有杂质或所使用的试剂不纯所引起的。

（4）操作误差

操作误差是由分析操作者掌握分析操作的条件不熟练、个人观察器官不敏锐和固有的习惯所致。如对仪器刻度标线读数不准确，微量进样器人工定量读数不准确等都会引起测定误差。

16.2.2　偶然误差

（1）偶然误差的规律

偶然误差又称随机误差，是指测定值受各种因素的随机波动而引起的误差。例如，测量时的环境温度、湿度和气压的微小波动，仪器性能的微小变化等，都会使分析结果在一定范围内波动。偶然误差的形成取决于测定过程中一系列随机因素，其大小和方向都是不固定的，因此，无法测量，也不可能校正，所以偶然误差又称不可测误差，它是客观存在的，是不可避免的。

根据上述规律，为了减少偶然误差，应该多做几次平行实验并取其平均值。这样可使正负偶然误差相互抵消，在消除了系统误差的条件下，平均值就可能接近真实值。

除以上误差外，还有一种误差被称为过失误差，这种误差是由操作不正确、粗心大意而造成的。例如加错试剂、忘记点火、忘记开检测器等，皆可引起较大的误差。有较大误差的数据在找到误差原因之后应弃去不用。绝不允许把过失误差当作偶然误差，只要工作认真、操作正确，过失误差是完全可以避免的。

（2）随机不确定度

准确度和精密度只是对测量结果的定性描述。不确定度才是对结果的定量描述。由于测量误差的存在，对被测量值不能确定的程度称为不确定度。对随机误差来说不能完全消除，所以测量结果总是存在随机不确定度。

单次测量的随机不确定度（Δ），可用标准偏差（σ）和置信因子（u）的乘积表示，即$\Delta = u\sigma$。

16.2.3　提高分析结果准确度的方法

要提高分析结果的准确度，必须考虑在分析过程中可能产生的各种误差，采取有效的措施，将这些误差减到最小。

降低偶然误差可通过选择合适的分析方法、增加平行测定的次数。消除测定中的系统误差，可以通过增加空白实验、对照实验，校正分析仪器等方法进行。

16.3　分析结果的表示方法

16.3.1　离群值的检验与取舍

由于随机误差的存在，对同一试样进行的多次测定结果中，测定值不可能完全相同。因此，一组测定数据存在一定的离散性，处于一组数据中的极大值和极小值，称为极值，明显偏离一组数据中其他值的测定值称为离群值（离异值）。离群值包括极值，但也包括次极值等，所以离群值不等于极值。

一组测定值数据中，有的数据明显处于合理的偏差范围之外，它是一个异常值，必须舍去。离群值可能是异常值，也可能不是异常值，所以必须对离群值进行检验以决定其取舍。

离群值的检验方法很多，一般分为两大类：一类是标准偏差预先知道的场合，另一类是标准偏差未知的场合。在标准偏差已知的场合，可采用 2δ、3δ 作为取舍标准，即离群值与平均值之差大于 2δ、3δ 作为异常值舍去。在标准偏差未知的场合，可采用 Q 检验法作为取舍标准，这里不详述，可参阅有关专著。

16.3.2　有效数字及修约规则

（1）准确数与近似数

有些数是准确的，不存在误差，称为准确数。例如 1、2、3、…都是准确数。但人们在分析测定工作中经常遇到近似数。例如在测定数据时，读取的数据是近似数，而不是准确数。读取数据的准确程度应与测试时所用的仪器和测试方法的精度一致。

（2）有效数字

测定数据时，只保留 1 位不准确数字，其余数字都是准确数字的，称为有效数字。所以有效数字是指分析测定中得到的有实际意义的数字，该数据除去最末 1 位数字为估计值外，其余数字都是准确的。因此，有效数字的位数取决于测定仪器、工具和方法的精度。

（3）有效数字修约

有效数字修约采用"4 舍 6 入 5 取舍"的修约规则，即有效数字后面第一位若≤4 时舍去。而≥6 时应进位，当刚好＝5 时，看前面的数，该数为奇数时，5 进位，该数为偶数时，5 舍去。

按国家标准规定，凡产品标准中有界限数字不允许采用修约方法。例如：规定某产品含量≥98.0％时为合格产品，不允许将含量为 97.96％的产品修约 98.0％而成为合格产品；同样，如果规定某杂质含量＜0.3％，也不能把杂质含量为 0.32％修约为 0.3％而成为合格产品。

应该指出在有效数字的运算过程中应注意如下几点。

① 数据中首位数≥8 者，可以多 1 位有效数字位数参加运算。

② 参加计算的常数，例如 Π、气体常数等，它们所取的位数应该由其他测定值的位数决定，取相同位数。

③ 多步骤运算，每步可多保留 1 位有效数字参加运算，而不要修约，直至得到最后结果再按规定修约，不允许连续累计修约，这样会增加误差。

16.3.3 分析结果的表示

(1) 2 个平行试样测定结果的表示

如果采取 2 个平行试样，得到 2 个测定结果 x_1、x_2，一般用其算术平均值 $\overline{x}$ 来表示。

$$\overline{x} = \frac{x_1 + x_2}{2} \tag{16-17}$$

(2) 1 组试样测定结果的表示

如果得到 1 组测试结果 x_1、x_2，…，应该计算其算术平均值 $\overline{x}$ 和样本偏差 s 值：

$$\overline{x} = \frac{\sum\limits_{i=1}^{n} x_i}{n} \tag{16-18}$$

分析结果的表示为真值 μ：

$$\mu = \overline{x} \pm \frac{s}{\sqrt{n}} t_{\alpha,f} \tag{16-19}$$

式中，n 为测定次数；f 为自由度，$f = n - 1$；α 为显著水平，置信度 $= 1 - \alpha$，若置信度为 95%，则 $\alpha = 0.05$%；$t_{\alpha,f}$ 为在置信度等于 $(1-\alpha) \times 100\%$ 与自由度 $f = n - 1$ 情况下的置信系数，该系数可以从 t 分布（表 16-1）中查得。表 16-1 中列出当置信度为 95%，$f = n - 1$ 时不同测定次数 n 的置信系数 t 值。

表 16-1 t 分布值（$\alpha = 0.05$，$f = n - 1$）

n	4	5	6	7	8	9	10	11
t	3.18	2.78	2.57	2.45	2.37	2.31	2.62	2.23

16.4 实验数据的统计分析

对实验数据进行分析和计算，特别是计算平均值、误差、方差以及数据回归计算，均是对数据的统计分析。分析后的数据通常采用数据表和图形来表示。数据表能将杂乱的数据有条理地组织在一张表格中；而数据图则将实验数据形象地显示出来。正确地使用表、图是实验的数据分析处理的最基本技能，而想要把数据以数据表和图的形式呈现出来，有时需要对数据进行必要的统计学分析，最常采用的就是回归分析方法。

16.4.1 回归分析

在分析测定工作中，人们通常是通过测定试样的一组物理量来确定其组分含量的，在仪器分析中尤其是这样。例如，电化学分析是通过测定电量、电位等数值来测定其含量的，光学分析则是测定吸光度值来确定其含量的。人们是通过变量 x（例如电位值、吸光度值等）来求得组分含量 y 的。变量 x 与 y 之间的关系变化规律如何，回归分析就是处理变量之间的相关关系的数学工具。回归分析（regression analysis）是处理变量之间相关关系最常用的统计方法，用它可以寻找隐藏在随机性后面的统计规律。确定回归方程，检验回归方程的可信性等是回归分析的主要内容。回归分析的类型很多。研究一个因素与试验指标间相关关系的回归分析称为一元回归分析；研究几个因素与试验指标间相关关系的回归分析称为多元回归分析。无论是一元回归分析还是多元回归分析，都可以分为线性回归和非线性回归两种形式。本文只介绍一元线性回归方程的求法。

假定配制了一系列的标准试样，它们的含量（c）为 y_1、y_2、y_3、$\cdots$，假定它们的物理量（比如吸光度 A）对应得到 x_1、x_2、x_3、$\cdots$，它们的一元线性回归方程为：

$$y = a + bx \tag{16-20}$$

$$a = \overline{y} - b\overline{x} \tag{16-21}$$

$$b = \frac{\sum(x_i - \overline{x})(y_i - \overline{y})}{\sum(x_i - \overline{x})^2} \tag{16-22}$$

$$\overline{x} = \frac{1}{n}\sum x_i \tag{16-23}$$

$$\overline{y} = \frac{1}{n}\sum y_i \tag{16-24}$$

式中，x_i、y_i 为单次测定值。

上述方程是基于最小二乘法的原理，计算斜率 b 和截距 a，进而建立了拟合方程 $a = \overline{y} - b\overline{x}$。

16.4.2 回归方程的检验

人们所建立的回归方程是否可信，通常可以通过相关系数 r 的计算来检验：

$$r = b\sqrt{\frac{\sum(x_i - \overline{x})^2}{\sum(y_i - \overline{y})^2}} = \frac{\sum(x_i - \overline{x})(y_i - \overline{y})}{\sqrt{\sum(x_i - \overline{x})^2(y_i - \overline{y})^2}} \tag{16-25}$$

r 值越接近 1，回归方程越可信。

16.4.3 常见的数据处理软件简介

随着计算机技术的普及，使得计算机在试验数据处理中的作用越发重要。目前已经开发了许多成熟的统计分析软件，使得试验数据的处理变得更加简单和准确。常用的统计软件有 SAS（statistical analysis system）、SPSS（statistical package for the social science）和 Excel 等。其中，前两种软件的统计功能非常强大，但是不够普及；而 Excel 却具有方便性和普遍性，很容易掌握和使用。本章简要介绍 SPSS 软件和 Excel 软件在实验数据处理中的应用。

（1）SPSS 软件

SPSS 是一款支持数据处理、数据分析和数据可视化的统计分析软件，是世界上最早的统计分析软件，由美国斯坦福大学的三位研究生 Norman H. Nie、C. Hadlai（Tex）Hull 和 Dale H. Bent 于 1968 年研开发成功，同时成立了 SPSS 公司，并于 1975 年成立法人组织，在芝加哥组建了 SPSS 总部。1984 年 SPSS 总部首先推出了世界上第一个统计分析软件微机版本 SPSS/PC+，开创了 SPSS 微机系列产品的开发方向，极大地扩充了它的应用范围，并使其能很快地应用于自然科学、技术科学、社会科学的各个领域。世界上许多有影响的报纸杂志纷纷就 SPSS 的自动统计绘图、数据的深入分析、使用方便、功能齐全等方面给予了高度的评价。

2009 年 7 月 28 日，IBM 公司宣布将用 12 亿美元现金收购统计分析软件提供商 SPSS 公司。目前 IBM SPSS 现已完全集成到 IBM 公司中，是 IBM 软件集团业务分析组合下的品牌之一。2020 年 10 月，IBM 宣布启动代号为 Project NX 的"新 SPSS Statistics"的先行访问计划。它包含"许多您最喜欢的 SPSS 功能，呈现在一个新的易于使用的界面中，具有集成的指导、多个选项卡、改进的图表等"。如今 SPSS 已出至版本 29.0，而且更名为 IBM SPSS Statistics。

SPSS 是世界上最早采用图形菜单驱动界面的统计软件，它最突出的特点就是操作界面极为友好，输出结果美观漂亮。它将几乎所有的功能都以统一、规范的界面展现出来，使用 Windows 的窗口方式展示各种管理和分析数据方法的功能，对话框展示出各种功能选择项。用户只要掌握一定的 Windows 操作技能，粗通统计分析原理，就可以使用该软件为特定的科研工作服务。SPSS 采用类似 Excel 表格的方式输入与管理数据，数据接口较为通用，能方便地从其他数据库中读入数据。其统计过程包括了常用的、较为成熟的统计过程，完全可以满足非统计专业人士的工作需要，输出结果十分美观，存储时则是专用的 SPO 格式，可以转存为 html 格式和文本格式。对于熟悉老版本编程运行方式的用户，SPSS 还特别设计了语法生成窗口，用户只需在菜单中选好各个选项，然后按"粘贴"按钮就可以自动生成标准的 SPSS 程序、极大地方便了中、高级用户。

SPSS for Windows 是一个组合式软件包，它集数据整理、分析功能于一身。用户可以根据实际需要和计算机的功能选择模块，以降低对系统硬盘容量的要求，有利于该软件的推广应用。SPSS 的基本功能包括数据管理、统计分析、图表分析、输出管理等等。SPSS 统计分析过程包括描述性统计、均值比较、一般线性模型、相关分析、回归分析、对数线性模型、聚类分析、数据简化、生存分析、时间序列分析、多重响应等几大类，每类中又分好几个统计过程，比如回归分析中又分线性回归分析、曲线估计、Logistic 回归、Probit 回归、加权估计、两阶段最小二乘法、非线性回归等多个统计过程，而且每个过程中又允许用户选择不同的方法及参数。SPSS 也有专门的绘图系统，可以根据数据绘制各种图形。

SPSS for Windows 的分析结果清晰、直观、易学易用，而且可以直接读取 Excel 及 DBF 数据文件，现已推广到多种操作系统的计算机上，它和 SAS、BMDP 并称为国际上最有影响的三大统计软件。在国际学术界有条不成文的规定，即在国际学术交流中，凡是用 SPSS 软件完成的计算和统计分析，可以不必说明算法，由此可见其影响之大和信誉之高。最新的 SPSS 24.0 版，全面适应互联网，支持动态收集、分析数据和 html 格式报告。

SPSS 输出结果虽然漂亮，但是很难与一般办公软件如 Office 或 WPS2000 直接兼容，如不能用 Word 等常用文字处理软件直接打开，只能采用拷贝、粘贴的方式加以交互。在撰写调查报告时往往要用电子表格软件及专业制图软件来重新绘制相关图表，这已经被诸多统计学人士抱怨；而且 SPSS 作为三大综合性统计软件之一，其统计分析功能与另外两个软件即 SAS 和 BMDP 相比仍有一定欠缺。

虽然如此，SPSS for Windows 由于其操作简单，已经在我国的社会科学、自然科学的各个领域发挥了巨大作用。该软件还可以应用于经济学、生物学、心理学、地理学、医疗卫生、体育、农业、林业、商业、金融等各个领域。

① 功能介绍

a. 数据管理　在 10 版以后，SPSS 的每个新增版本都会对数据管理功能做一些改进，以使用户的使用更为方便。13 版中的改进可能主要有以下几个方面。

ⅰ. 超长变量名：在 12 版中，变量名已经最多可以为 64 个字符长度，13 版中可能还要放宽这一限制，以达到对当今各种复杂数据仓库更好的兼容性。

ⅱ. 改进的 Autorecode 过程：该过程将可以使用自动编码模板，从而用户可以按自定义的顺序，而不是默认的 ASCII 码顺序进行变量值的重编码。另外，Autorecode 过程将可以同时对多个变量进行重编码，以提高分析效率。

ⅲ. 改进的日期/时间函数：本次的改进将集中在使得两个日期/时间差值的计算，以及对日期变量值的增减更为容易。

b. 结果报告　从 10 版起，对数据和结果的图表呈现功能一直是 SPSS 改进的重点。在 16 版中，SPSS 推出了全新的常规图功能，报表功能也达到了比较完善的地步。13 版将针对使用中出现的一些问题，以及用户的需求对图表功能作进一步的改善。

ⅰ. 统计图：在经过一年的使用后，新的常规图操作界面已基本完善，本次的改进除使得操作更为便捷外，还突出了两个重点。首先在常规图中引入更多的交互图功能［如图组（paneled charts）］，带误差线的分类图形（如误差线条图和线图），三维效果的简单、堆积和分段饼图等。其次是引入几种新的图形，已知的有人口金字塔和点密度图两种。

ⅱ. 统计表：几乎全部过程的输出都将会弃用文本，改为更美观的枢轴表。而且枢轴表的表现性和易用性会得到进一步的提高，并加入了一些新的功能，如可以对统计量进行排序、在表格中合并、省略若干小分类的输出等。此外，枢轴表可以被直接导出到 Power-Point 中，这些无疑都方便了用户的使用。

c. 统计建模　Complex Samples 是 12 版中新增的模块，用于实现复杂抽样的设计方案，以及对相应的数据进行描述。但当时并未提供统计建模功能。在 13 版中，这将会有很大的改变。一般线性模型将会被完整地引入复杂抽样模块中，以实现对复杂抽样研究中各种连续性变量的建模预测功能，例如对市场调研中的客户满意度数据进行建模。对于分类数据，Logistic 回归则将会被系统地引入。这样，对于一个任意复杂的抽样研究，如多阶段分层整群抽样，或者更复杂的 PPS 抽样，研究者都可以在该模块中轻松地实现从抽样设计、统计描述到复杂统计建模以发现影响因素的整个分析过程，方差分析模型、线型回归模型、Logistic 回归模型等复杂的统计模型都可以加以使用，而操作方式将会和完全随机抽样数据的分析操作没有差别。可以预见，该模块的推出将会大大促进国内对复杂抽样时统计推断模型的正确应用。

d. 模块　这个模块实际上就是将以前单独发行的 SPSS AnswerTree 软件整合进了 SPSS 平台。

Classification Tree 模块基于数据挖掘中发展起来的树结构模型对分类变量或连续变量进行预测，可以方便、快速地对样本进行细分，而不需要用户有太多的统计专业知识。在市场细分和数据挖掘中有较广泛的应用。已知该模块提供了 CHAID、Exhaustive CHAID 和 C&RT 三种算法，在 AnswerTree 中提供的 QUEST 算法尚不能肯定是否会被纳入。

为了方便新老用户的使用，Classification Tree 模块在操作方式上不再使用 AnswerTree 中的向导方式，而是 SPSS 近两年开始采用的交互式选项卡对话框。但是，整个选项卡界面的内容实际上是和原先的向导基本一致的，另外，模型的结果输出仍然是 AnswerTree 中标准的树形图，这使得 AnswerTree 的老用户基本上不需要专门学习就能够懂得如何使用该模块。

由于树结构模型的方法体系和传统的统计方法完全不同，贸然引入可能会引起读者统计方法体系的混乱。为此，本次编写的高级教程并未介绍该模块，而将在高级教程的下一个版本，以及关于市场细分问题的教材中对其加以详细介绍。

e. 兼容性　随着自身产品线的不断完善，SPSS 公司的产品体系已经日益完整，而不同产品间的互补和兼容性也在不断加以改进。在 13 版中，SPSS 软件已经可以和其他一些最新的产品很好地整合在一起，形成更为完整的解决方案。例如，SPSS、SPSS Data Entry 和新发布的 SPSS Text Analysis for Surveys 一起形成了对调查研究的完整解决方案。而新增的 SPSS Classification Trees 模块将使得 SPSS 软件本身就能够针对市场细分工作提供更为完整的方法体系。

② 软件特点

a. 操作简便　界面非常友好，除了数据录入及部分命令程序等少数输入工作需要键盘键入外，大多数操作可通过鼠标拖曳、点击"菜单""按钮"和"对话框"来完成。

b. 编程方便　具有第四代语言的特点，告诉系统要做什么，无须告诉怎样做。只要了解统计分析的原理，无须通晓统计方法的各种算法，即可得到需要的统计分析结果。对于常见的统计方法，SPSS 的命令语句、子命令及选择项的选择绝大部分由"对话框"的操作完成。因此，用户无须花大量时间记忆大量的命令、过程、选择项。

c. 功能强大　具有完整的数据输入、编辑、统计分析、报表、图形制作等功能，自带 11 种类型 136 个函数。SPSS 提供了从简单的统计描述到复杂的多因素统计分析方法，比如数据的探索性分析、统计描述、列联表分析、二维相关、秩相关、偏相关、方差分析、非参数检验、多元回归、生存分析、协方差分析、判别分析、因子分析、聚类分析、非线性回归、Logistic 回归等。

d. 数据接口　能够读取及输出多种格式的文件。比如由 dBASE、FoxBASE、FoxPRO 产生的 *.dbf 文件，文本编辑器软件生成的 ASCⅡ 数据文件，Excel 的 *.xls 文件等均可转换成可供分析的 SPSS 数据文件，能够把 SPSS 的图形转换为 7 种图形文件，结果可保存为 *.txt 及 html 格式的文件。

e. 模块组合　SPSS for Windows 软件分为若干功能模块。用户可以根据自己的分析需要和计算机的实际配置情况灵活选择。

f. 针对性强　SPSS 针对初学者、熟练者及精通者都比较适用，并且很多群体只需要掌握简单的操作分析，而那些熟练或精通者也较喜欢 SPSS，因为他们可以通过编程来实现更强大的功能。

SPSS Statistics 分为商业版、学生和教职员工版和学术机构的园区版三种版本。SPSS Statistics 商业版又分为 Base Edition、Standard Edition、Professional Edition 和 Premium Edition 四种不同的版本，均可以提供永久或限期许可证供用户选择，附加软件包可以通过附加功能增强基础软件。SPSS Statistics 学生和教职员工版是为在校学生（Grad Pack）和教师（Faculty Pack）提供经济实惠的高折扣版本，分为 Grad Pack Base 学生版、Grad Pack Standard 学生版、Grad Pack Premium 学生版和 Faculty Pack 教师版。此外，IBM 还为学术机构提供了 SPSS Statistics Campus Edition，使其可以根据教学用途调整 SPSS Statistics 使用量。供整个校园使用的单一许可有助于简化许可管理，并为不限数量的用户提供

SPSS Statistics 和 SPSS Amos 访问权限。

SPSS 自 SPSS16.0 起推出 Linux 版本，已支持 Windows 8/10/11、Mac OS X、Linux 及 UNIX。SPSS 最新版本为 IBM SPSS Statistics 29.0，增加了新的线性 OLS 选项，如弹性网络、Lasso 回归、岭回归，参数加速失效模型（AFT），线性混合模型和广义线性混合模型中的伪 R2 测量。此外，还补充了几个命令功能，将 Python3.10.4 和 R4.2.0 集成其中，提供了新的小提琴图模板等一系列功能。

③ 软件应用　由于 SPSS 软件是一款大型软件，学习和使用复杂，目前已有应用于实验数据处理方面的相关教材，可参考刘振学老师主编的《实验设计与数据处理》的第 3 篇——计算机程序简介，本书不再详细赘述。

（2）Excel 软件

Excel 电子表格是 Microsoft 公司推出的 Office 系列产品之一，是一个功能强大的电子表格软件。Excel 也是目前办公软件中，比较流行的数据分析软件，特点是对表格的管理和统计图制作功能强大，容易操作。其内部提供了多种分析工具，如统计分析工具、财务分析工具、工程分析工具等，每个工具的使用过程中，均需要提供相应的数据和参数。

Excel 内部的数据分析插件 XLSTAT，虽然也能进行数据统计分析，但不足的是运算速度慢，统计方法不全。

Excel 内部还内嵌了大量的公式函数，大概有 11 类，分别为数据库函数、日期与时间函数、工程函数、财务函数、信息函数、逻辑函数、查询和引用函数、数学和三角函数、统计函数、文本函数以及用户自定义函数等，方便使用者处理数据及相应数据的图表制作等。

① 表格、数据的处理

a. 编辑工作簿　当选定单元格或单元格区域之后，我们就可以向里面输入数据了，数据包括文本、数值、图表、声音等。我们简单地介绍一下文本和数字的输入。

对于文本输入来说，包括中文文本和英文文本的输入。英文文本的输入只要在选定单元格之后敲击键盘就行了。中文文本需要将计算机的输入法切换到中文输入模式即可。

对于数字输入，一般情况下，Excel 默认为数字，数字输入后，单元格默认为右对齐。若它是字符时，必须在该数字前加一个单引号（单撇号），文本字符在单元格中默认为左对齐。

对于在工作簿中输入数字或者数值，我们可以进行自动计算与排序。数据的自动计算功能包括求平均值、求和、求最大值、计数等，数据的排序功能包括按升序排序、按降序排序、按大小排序和按字母排序等。

b. 使用公式　Excel 除了能进行一般的表格处理外，还具有对数据的计算能力，允许用户使用公式对数值进行计算，可使用公式对工作表中的数值进行加、减、乘、除等计算。

所有的公式必须以"＝"号开始。一个公式是由运算符和参与计算的元素（操作数）组成的，操作数可以是常量、单元格地址、名称和函数。

公式的输入操作类似于输入文字型数据，但输入一个公式是以"＝"号开始，然后输入公式表达式。在单元格中输入公式的步骤如下：首先选择要输入公式的单元格；在编辑栏的输入框中输入一个等号，然后输入公式表达式；最后单击"√（输入）"按钮。

c. 使用函数　函数是一种复杂的特殊的公式，函数是预定义的内置公式。所有的函数都以"＝"开始，函数包括函数名和参数两部分。函数名与括号之间没有空格，括号要紧跟数字，参数之间用逗号隔开，逗号与参数之间也不要掺入空格或其他字符。

在进行公式或函数计算时，可以使用数组。数组是单元格的集合或是一组处理的值的集合。用户可以用一个数组公式执行多个输入操作并产生多个结果，每一个结果显示在一个单元格中。数组与单值公式的不同之处在于它可以产生两个或更多的计算结果。

Excel 提供了 300 多个功能强大的函数，大致可以分为以下几种：财务函数；数学与三角函数；统计函数等。

② 图形、图表的创建

a. 图形的创建　Excel 为使用者提供了大量的剪切画文件，可以方便地使用这些剪切画文件。利用单击"插入"菜单的"图片"命令中的"剪切画"命令可以完成操作。同时也可以利用单击"插入"菜单的"图片"命令中的"自选图形"命令绘制各种图表。也可以方便地将各种图形连接在一起，形成一个完整的图形。

此外，也可以通过单击"视图"菜单中"工具栏"命令中的"绘图"命令来完成操作。

b. 图表的创建　Excel 允许用户单独建立一个统计图表。一般操作如下：选择要包含的统计图中的单元格数据。然后单击"常用"工具栏中的"图表向导"按钮，屏幕上将出现一个对话框。这个对话框列出了 Excel 中可以建立的所有图表类型，可以从中任意选择一个。单击"下一步"按钮，屏幕上出现对话框。对话框中显示出要包含图表中的所有数据单元格所在的范围。单击"下一步"按钮，屏幕上出现对话框。用户可以在"图表标题"中输入标题，可以在坐标轴选项中选择 X 轴与 Y 轴的坐标分量。设置好之后单击"下一步"按钮。当屏幕上出现的对话框是用来设置图表的位置时，选择好位置之后单击"完成"。

由于 Excel 软件具有强大数据统计和分析的功能，目前已有应用于实验数据处理方面的相关教材，可参考李云雁老师主编的《实验设计与数据处理》的第 10 章——Excel 在试验数据处理中的应用，本书不再详细赘述。

除了以上两种软件，还有 Origin，Mathcad，Matlab 等软件也可用于试验数据处理。

16.5　实验的计算机仿真模拟

随着计算机技术的强大、人工智能的普及、仪器分析技术的迅速发展，科技人员着力开发具有一定模拟功能的用于数据处理和实验分析的模拟实验室，目前已经开发出虚拟仿真模拟实验。

科技工作者开发的模拟虚拟实验室中，虚拟仪器集成到多媒体课程软件中，学生可以自行安装软件，并进入软件，完全可以在个人电脑上自己模拟实验操作过程，获得实验数据，并进行分析，整个实验过程形象逼真。计算机模拟实验，不仅节省实验空间，降低实验危险，减少实验消耗，更加有利于学生在计算机上了解实验内容，掌握实验过程，学会实验方法。计算机模拟实验，具有的可重复性与自动引导性的特点，可以加深学生对所学专业知识的理解，增强学生对实验操作的兴趣，加强学生的学习效率，扩展学生的视野，以达到理论与实践相结合的教学目的。计算机模拟实验已经升级到了虚拟仿真实验，它是运用计算机软硬件构建的一种整体或者局部的可以代替真实实验的各种可视化操作情景，学习者进入仿真虚拟情景后，可以进行实验内容和实验操作的学习，在理解实验原理和操作步骤的基础上继而提高真实实验的操作技能，使学习者获得更好的学习环境。它不需要计算机软件安装，登录平台网站，选择实验项目，即可开展虚拟仿真模拟实验，实验过程更加逼真，操作更加简单流畅，又兼具安全性、专业性、高可靠性等特点，逐渐成为计算模拟实验的主流。虽然计算机模拟实验，对促进学生学习仪器分析有一定的帮助，但是动手实践过程，仍然是必要的。两者相辅相成，促进学生对仪器分析的掌握。

　　本实验教材为了满足同学们对虚拟仿真实验的学习兴趣，在本章开设了三个虚拟仿真实验项目，供学习参考。如果同学们对传统的多媒体计算机模拟实验课件感兴趣，可参考王芬老师和王艳芳老师主编《分析化学实验》（第 11 章——计算机在分析化学实验中的应用）以及白玲老师主编的《仪器分析实验》（实验五十六　计算机模拟），学习相关的内容。

16.6　实验内容

实验五十　利血平样品定性测试

【软件启动】

　　双击桌面快捷方式，登录个人账号后进入个人管理入口，在弹出的启动窗口（图 16-1）中选择"布鲁克液质联用仪"，培训项目列表显示"利血平样品测试"，选择该项目，点击"启动"按钮。启动软件后，出现仿真软件加载页面（图 16-2），软件加载完成后进入仿真实验操作界面。本仿真软件为学生提供了三种学习模式，分别是练习、考核和演示模式，单击即可开始仿真实验（练习：该模式针对的对象为初学者，相应的步骤有步骤提示，学生只有正确完成当前步骤的操作，才会出现下一步操作的提示；考核：学生使用练习模式后，教师可通过考核模式对学生的学习效果进行检测，该模式下无步骤提示，完成相应的步骤得到相应的分值，可作为教师评定的标准；演示：练习模式时，学生可以通过界面右上角的模式框切换至演示模式。该模式为学生展示了一个完整的操作视频，停止后，按下键盘上的 Esc 返回至练习模式）。

图 16-1　启动窗口

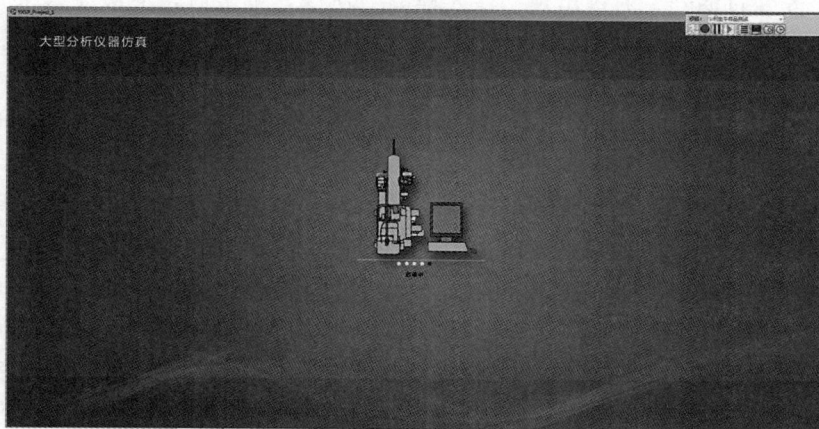

图 16-2　启动窗口加载页面

【仿真操作】

1. 根据界面下方的提示（图 16-3），进行过滤校正液。鼠标指向容量瓶 1，右键单击打开盖子的命，容量瓶 1 盖子打开，并放置于队列前。鼠标指向校正液小瓶，右键单击打开盖子的命令，校正液小瓶盖子打开，并放置于队列前。鼠标指向注射器，右键单击出现"移到吸取位置"的命令，单击后，注射器移至容量瓶上方。右键出现"吸取"命令，单击后，注射器吸取液体。右键出现"装过滤器"命令，单击后，安装过滤器。右键出现"注入样品"命令，单击后，溶液注入到校正液小瓶中。点击"放回原处"，把注射器放回原来位置；点击"关盖"，把校正液和容量瓶 1 放回原来位置。

图 16-3　利血平样品测试实验界面

2. 过滤待测样。鼠标指向容量瓶 2，右键单击打开盖子的命，容量瓶 2 盖子打开，并放置于队列前。鼠标指向未知样小瓶，右键单击打开盖子的命，未知样小瓶盖子打开，并放置于队列前。鼠标指向注射器，右键单击出现"移到吸取位置"的命令，单击后，注射器移至容量瓶上方。右键出现"吸取"命令，单击后，注射器吸取液体。右键出现"装过滤器"命令，单击后，安装过滤器。右键出现"注入样品"命令，单击后，溶液注入未知样小瓶中。点击"放回原处"，把注射器放回原来位置；点击"关盖"，把未知样和容量瓶 2 放回原来位置。

3. 单击氮气管路总压阀，弹出压力调节窗口，打开氮气总压阀，调节总阀压力在 9MPa 左右。单击减压阀调节旋，调节减压阀开度，使输出压力为 0.5MPa 左右。单击氩气管路总压阀，弹出压力调节窗口，打开氩气总压阀，调节总阀压力在 12MPa 左右。单击减压阀调节旋，调节减压阀开度，使输出压力为 4MPa 左右。

4. 打开 MS 右侧电源开关，面板指示灯中的 VACUUM 表示正在抽真空。

5. 打开电脑电源。

6. 单击电脑桌面上的 MS 工作站图标，启动工作站软件，弹出工作站登录窗口，输入操作者姓名（也可以空白）后，点击 Log on，进入工作站主界面，状态栏显示 MS 还未达到工作状态，约 2min 后，MS 显示为绿色，可进行数据采集。

7. 通过 Method→Open 或者快捷键打开 MS 的方法文件 DEFAULT.M，编辑相关实验参数：离子源——ESI；离子模式——正离子（positive）；进样——Source；扫描模式——MS；质量范围——10～800 样品名称和存储位置；然后通过 Method—Save 下拉菜单保存方法。

8. 右键清洗液瓶子，开盖；然后右键出现洗液洗针，单击后，清洗进样针。同样，用清洗液洗针后，用校正液洗针。

9. 打开校正液瓶盖，用进样针吸取溶液，右键出现移至注射泵上方，右键出现安装命令，把进样针安放在注射泵上。

10. 切换进样方式到"注射泵进样"；切换 MS 工作站到"Operate"。

11. 点击注射泵开关，手指弯曲表明注射泵开启；点击注射泵"RUN"，启动注射泵。

12. 点击 MS 工作站中的采集快捷键开始采集数据。

13. 待数据采集完成以后，切换至 Calibrate 界面，校正液选择甲酸钠，Zooming 选择 ±1%，点击 Calibrate 开始校正，若显示为绿色，则表示校正合适，点击 Accept；若显示为黄色，需要重新点击 Calibrate，直到显示为绿色时，才可点击 Accept。

14. 切换进样方式到"自动进样"，并更换进样方式。

15. 取下进样针。

16. 打开 LC 各模块电源。

17. 把待测样和清洗液移入自动进样盘中。打开"Hystar"工作站。点击"Hardware Setup"，进入仪器硬件配置界面。在弹出的窗口中找到后缀为"hss"的文件。选中溶剂系统配置，点击"Settings"，进入检测界面。待检测界面出现"Device Data found"后，点击"OK"，色谱泵配置完毕。选择自动进样系统，点击"Configuration"，进入检测界面。待检测界面出现"Device Data found"后，点击"OK"，自动进样系统配置完毕。选择柱温箱系统，点击"Settings"，进入色谱柱配置界面。在进入的界面中，点击"Search Devices"，待出现编码后，点击"OK"，色谱柱配置完毕。关闭配置窗口，回到主界面。点击 Sample Table 调用样品信息文件。

18. 在 General 界面输入样品 ID，敲击键盘"Enter"。

19. 鼠标选中表格区域的一行数据，在 Vial Position 处输入待测样在自动进样盘的位置"1"，"Enter"确认更改；VOLUME 处输入进样量"10"，"Enter"确认更改；选择数据存储位置。

20. 调用质谱方法文件，此工作站不可编辑质谱方法，只能调用，若需要更改需在 MS 工作站中做更改；调用液相方法文件，并点击"Edit"，打开编辑界面。

21. 依次输入分离时间，3min（Enter 确认）；流速，0.3（Enter 确认）；耐压范围，液相配比（根据老师要求）。

22. 切换到 Autosample 界面，点击"Parameters"，在弹窗"Washing in Vial"中输入清洗液的位置"7"，点击"OK"确定。

23. 设置柱温箱温度为 35℃，敲击"Enter"确认。在"LC Timetable"界面添加液相流动梯度曲线，根据老师要求而定。点击 Save as 保存液相方法。

24. 点击采集快捷键，进入采集界面。在"Pump"界面，右键出现下拉菜单，点击"Solvent Bottle Fillings"设置 A 瓶的流动相为 100，打开清洗阀的开关（LC 液相泵位置），把开度达到最大。点击"Pump On"开启泵，模块变为绿色，进行 A 中流动相排气。当模块变为黄色，排气停止，把流动相 B 设为 100，开启泵，排气。待排气完成后，关闭清洗阀。打开泵，出现弹窗；点击"Shutdown Settings"，在弹窗中输入采集完成后，泵停止的时间和 MS 处于待机状态的时间，点击"OK"确认；点击"Start one Acquisition"，开始采集数据。

25. 清洗：切换到 MS 工作站，通过 Methods-Open（Ctrl＋O），打开 Clear.M 方法文件。Hystar 工作站中，设置泵的流动相为 B 100%。若 PUMP 已经自动关闭，先开启 PUMP，再点击 MS 工作站中的采集按钮，开始清洗液相管路和质谱的离子源。过一段时间，可以关闭泵。

26. 关闭仪器：点击"Shutdown"，出现弹窗，选择 Shutdown 关闭高压；再次点击"Shutdown"，选择 Vent Vacuum，释放真空；待真空释放完毕，关闭 MS 工作站，Hystar 工作站，DA 工作站；关闭质谱仪电源；关闭液相各模块电源；关闭工作站软件；关闭气体管路；关闭注射泵。

实验五十一　小青菜中拟除虫菊酯定量分析

【软件启动】

双击桌面快捷方式，登录个人账号随后进入个人管理入口，在弹出的启动窗口中选择"气相色谱仪"，培训项目列表显示"小青菜中拟除虫菊酯定量分析"，选择该项目，点击"启动"按钮。启动软件后，出现仿真软件加载页面，软件加载完成后进入仿真实验操作界面。该仿真软件为学生提供了三种学习模式，分别是练习、考核和演示模式，单击即可开始仿真实验（图 16-4）。

【仿真操作】

1. 鼠标指向标样 1 样品瓶，鼠标指针变为手型，右键单击，弹出"配样"的操作提示，单击该命令，弹出样品配制窗口。在样品配制窗口中输入标准储液的体积和定容体积，配制标样 1（具体配制的标样浓度以教师教案为准）。例如输入各标准储液的体积为 1，定容体积为 50，点击"装样"命令后，实验台上标样 1 样品瓶中装入标样，鼠标指向标样 1 样品瓶，显示标样中各物质浓度；右键单击，弹出"清空"的操作提示，点击桌面上标样 1 样品瓶中

图 16-4　小青菜中拟除虫菊酯定量分析实验界面

的标样被清空。

2. 同理，配制其余所需的标样。

3. 点击"仪器配置"，打开二级菜单：在二级菜单下选择：检测器配置：选择"检测器配置：选择 FID（前）＋μECD 检测器（后）"或者"检测器配置：选择 μECD 检测器（前）＋FPD 检测器（后）"。进样方式：可选择手动或自动进样方式，此处以手动进样方式为例。色谱柱连接方式：选择"色谱柱连接方式：选择后进样口＋后检测器"或者"选择后进样口＋前检测器"。

4. 鼠标指向氮气总压阀，指针变为手型，点击打开氮气总压阀，此时总压表指针指向10。鼠标指向氮气减压阀，鼠标指针变为手，左键单击对减压阀的开度进行调节，控制氮气出口压力为 0.4MPa。

5. 鼠标指向配电箱钥匙，指针变为手型，点击打开配电箱门，鼠标指向气相总电源开关，指针变为手型，点击打开总电源；之后再用鼠标指向配电箱钥匙，点击关闭配电箱门。

6. 鼠标指向气相色谱仪主机电源，指针变为手型，点击打开仪器，此时仪器显示屏变亮。

7. 左键点击电脑主机电源，打开电脑。单击电脑桌面上的工作站图标，启动工作站软件，弹出工作站窗口。

8. 编辑完整方法。在工作站窗口"方法"菜单下选择"编辑整个方法"命令，进入方法设置界面。选中除"数据采集"外两项，点击"确定"，弹出方法信息窗口，在该窗口中填入关于该方法的注释（也可不填），点击"确定"。

9. 进样器选择。在弹出的窗口中选择进样方式为"手动"，进样器位置选择"后"，点击"确定"，进入下一画面。

10. 编辑 GC 参数。在 GC 参数窗口中编辑进样口、色谱柱和检测器等参数。点击"柱箱"图标，进入柱温参数设定画面，选中"柱箱温度为开"，最高柱箱温度编辑框填写300℃，在空白表框中输入升温速率、数值和保持时间等数值（具体数值见教师教案），点击"应用"；点击"进样口"图标，进入进样口设定画面，点击 SSL-后，在该页面中可对进样模式、分流、分流比 30∶1、进样口温度 270℃等参数进行设置，然后点击"应用"按钮；

点击"检测器"图标，进入检测器设定界面，点击 ECD 后，编辑 ECD 检测器参数：将"加热器和辅助传输线"前的复选框勾选，设置检测器的温度 280℃，然后点击"应用"。

11. 保存方法。所有参数设置完毕后，点击"确定"，弹出方法另存为窗口。在该窗口中输入方法文件名，点击"确定"，保存方法成功。

12. 样品信息设置。回到工作站主界面，在"运行控制"菜单下选择"样品信息"，弹出样品信息设置窗口。在该窗口中，填写信号 1 的前缀名称、计数器名称和样品名称。例如本实验中第一个样品的数据文件名称为 GC001.D，样品名称为"菊酯类农药"，填写完成后点击"确定"。

13. 运行方法。在"运行控制"菜单下选择"运行方法"命令，运行当前编辑的方法。然后点击仪器面上的准备运行按钮（Prep Run），等待仪器准备就绪。

14. 进样分析。接下来以标样 1 的分析为例阐述样品测定的过程。鼠标指向洗液瓶后，鼠标指针变为手型。右键单击，弹出"打开瓶盖"的操作提示，单击该命令，打开洗液瓶的瓶盖；同样的方法打开废液瓶的盖子。

15. 洗液洗针。将鼠标指向洗液瓶，指针变为手型，右键单击，弹出"洗液洗针"的操作提示，单击该命令，执行洗液洗针的操作，重复洗针数次。

16. 标样及未知样洗针。打开标样 1 瓶盖，鼠标指向标样 1，指针变为手型，右键单击，弹出"标样 1 洗针"的操作提示，单击该命令，执行标样 1 洗针的操作，重复洗针数次。

17. 取样。鼠标移至色谱仪右边的进样针，右键点击进样针弹出"标样 1 取样"的操作提示，单击该命令，弹出设置进样量窗口，设置进样体积，如填入 1，点击确定，执行取标样 1 的操作，取完样后，进样针移至色谱仪进样口处，等待进样（仪器就绪后才能开始进样）。

18. 进样。右键单击色谱仪进样口处的进样针，弹出"进样"和"取消进样"的操作提示，单击"进样"命令，进样针针杆推下，完成进样并放回至针架；单击"取消进样"命令，进样针移至废液瓶上方针杆推下，清空针管内的液体并放回至针架。

19. 完成进样后，单击仪器面板上的开始按钮（Start）进行测定，工作站画面中有图谱出现。

20. 重复样品信息设置（步骤 12）和运行方法（步骤 13）的步骤，重复步骤 16、17、18、19，测定其它标样和未知样品的谱图。注：每次测定时都需要对样品信息进行更改，否则上一次测定的数据将被覆盖，例如测定标样 2 时可将计数器内的内容改为 002，则保存的文件名为 GC002.D。

21. 数据分析。调用谱图：单击工作站窗口中的"数据分析"命令进入数据分析界面。从"文件"菜单下选择"调用信号"命令，弹出调用信号窗。在调用信号窗口查找所需谱图的文件名，例如，标样 1 保存的文件名为 GC001.D，单击选择该文件后，点击"确定"，工作站中显示标样 1 的谱图。

22. 积分参数设定。从"积分"菜单下选择"自动积分"命令，对当前调用的谱图自动积分，显示积分结果。

23. 建立校正表。等级 1 校正：在"校正"菜单下选中"新建校正表"命令，弹出校正窗口，在级别处填入"1"，点击"确定"后，进入下一步，在上面化合物和含量两列中分别输入化合物的名称以及组分的浓度，输入完成后，点击其他行可以在右下角看到校正点，这就完成了等级 1 的设定。

24．等级 2 校正。从"文件"菜单中选择"调用信号"命令，在弹出的窗口中选择标样 2 的文件名。点击"确定"后，工作站中显示标样 2 的谱图。接下来，从"校正"菜单下选择"添加级别"的命令，单击后弹出添加级别窗口，在该窗口中级别处填入"2"，点击"确定"。在相应组分的第二个级别的含量一栏中输入相应的数值。输入数值后，点击其他行，右下角校正曲线上出现第二个校正点。

25．等级 3 校正。从"文件"菜单中选择"调用信号"命令，在弹出的窗口中选择标样 3 的文件名。点击"确定"后，工作站中显示标样 3 的谱图。接下来，从"校正"菜单下选择"添加级别"的命令，单击后弹出添加级别窗口，在该窗口中级别处填入"3"，点击"确定"。在相应组分的第三个级别的含量一栏中输入相应的数值，输入数值后，右下角校正曲线上出现第三个校正点。以此类推，按照上述等级设定的步骤，完成对级别 4、5 等的设定。

26．未知样的测定。从"文件"菜单中选择"调用信号"命令，在弹出的窗口中选择未知样的文件名，点击"确定"。从"报告"菜单中选择"设定报告"命令，弹出设定报告窗口。不用对该窗口做出任何修改，点击"确定"。从"报告"菜单中选择"生成报告"命令，单击后，弹出报告，在报告中可以看到未知样中组分名称和浓度。

27．关闭仪器。点击工作站中的"方法"→"编辑完成方法"，将 SSL-后进样口的温度设置为 50℃，然后点击"应用"；将 ECD 检测器的温度设置为 50℃，点击"应用"；关闭氢气载气减压阀，关闭氢气载气总压阀；关闭空气载气减压阀，关闭空气载气总压阀；等待进样口、检测器、柱温箱的温度降到 50℃左右，关闭气相色谱仪的电源；关闭氮气载气减压阀，关闭氮气载气总压阀；关闭工作站，关闭电脑电源；打开配电箱门，关闭气相总电源，之后关闭配电箱门；查看实验室，全部复位。

实验五十二　乙酸乙酯核磁共振氢谱测定

【软件启动】

双击桌面快捷方式，登录个人账号随后进入个人管理入口，在弹出的启动窗口中选择"核磁共振波谱仪"，培训项目列表显示"乙酸乙酯核磁共振氢谱测定"，选择该项目，点击"启动"按钮。启动软件后，出现仿真软件加载页面，软件加载完成后进入仿真实验操作界面。该仿真软件为学生提供了三种学习模式，分别是练习、考核和演示模式，单击即可开始仿真实验（图 16-5）。

【仿真操作】

1．鼠标指向标样 1 样品瓶，在菜单栏中选择实验药品，选择乙酰乙酸乙酯。

2．在菜单栏中选择"场景切换—配样室"命令，将视角转换至配样室。右键单击核磁管弹出"样品配制"的命令，单击该命令向核磁管中加入样品和氘代溶剂。

3．样品配制完成后，右键点击核磁管，弹出"插入转子"的命令，单击该命令，将核磁管插入转子中。

4．右键单击插入转子的核磁管，弹出操作命令"插入定深量筒"，单击该命令，将核磁管放入量筒中，确认核磁管插入转子的深度。

5．在菜单栏中选择"场景切换—空压机室"命令，将视角转换至空压机房间，打开空压机电源，电源指示灯变亮。

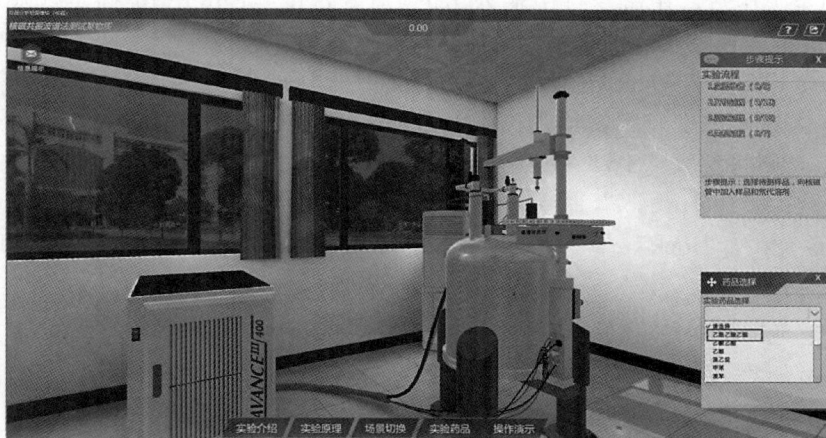

图 16-5　乙酸乙酯核磁共振氢谱测定实验界面

6. 打开 1 号机，气罐压力逐渐上升至 0.6MPa。

7. 点击输出调节旋钮，将空压机输出压力控制在 0.5MPa 左右。

8. 打开输出阀门。

9. 视角转换至仿真现场中的机柜处，按下机柜上的绿色开关，打开总电源。

10. 打开电脑主机电源，点击电脑屏幕上的"Serial-COM1"快捷方式，打开"Serial-COM"。

11. 鼠标指向机柜门把手处，单击将机柜门打开。依次打开机柜内部的"AQS""BSMS"开关。

12. 关闭机柜门。

13. 打开"Topspin3.2"工作站，弹出工作站窗口。

14. 在命令行中输入"edhead"命令，按"Enter"键确定，单击合适的探头型号，点击"Cnnections"按钮选定；点击"Exit"或者关闭按钮，退出该窗口。

15. 单击菜单中的新建按钮或者在命令行输入"edc"命令，按"Enter"键确定，建立实验目录，设置实验编号、溶剂类型及测试项目等，之后点击"OK"。NAME：主要设定为实验名（如样品名，编号等），主要作为样品之间的区分。EXPNO：实验号，必须设为数字，可设定的范围为 1～999999999，一般作为同一样品不同实验之间的区分，例如 EXPNO=1 为氢光谱，EXPNO=2 为碳光谱的区分方式，而所收集到的 NMR 资料（如 FID）将会储存于此资料夹下。PROCNO：处理号，必须设为数字，可设定的范围为 1～999999999，主要做同一实验不同处理方式的区分。DIR：存盘目录。Experiment：在下拉窗口中选择实验类型，氢谱选"PROTON256"；碳谱选"C13CPD"；磷谱：不去偶选"P31"，去偶选"P31CPD"。Set solvent：在下拉窗口中选择所用溶剂。TITLE：实验说明文档。填入各个信息，然后点击"OK"，选中实验文件，进入采样界面。（注：该实验测试的是乙酰乙酸乙酯的氢谱，即 Experiment 目录下只有"PROTON256"选项才起作用）

16. 命令行中输入"ii"命令对仪器进行初始化。

17. 输入"ej"上升气流命令，按"Enter"键确定。

18. 将场景切换至配样室，单击核磁管，弹出取下定深量筒的命令，单击该命令将核磁管取出；再次单击核磁管，弹出手动进样命令，单击该命令，将核磁管放入样品腔内。

19. 返回至工作站，在命令行中输入"ij"命令，按"Enter"键确定，降低气流，在3D场景中右键单击核磁管落入命令，使样品管落入探头。

20. 在命令行中输入"ased"命令，按"Enter"键确定。在相应的目录文件夹下编辑实验参数（注：若样品浓度较稀，须较长时间累加，则将参数"NS"设为较大的值，若要采集较大的谱宽，则将参数"SW"设为一较大的值；DS、NS、SW 具体数值根据教师要求进行填写）然后输入"getprosol"命令，按"Enter"键确定，读取参数。

21. 锁场：输入"lock"命令，按"Enter"键确定，选择相应的溶剂 $CDCl_3$，点击"OK"进行锁场。

22. 调谐：输入"atma"命令，按"Enter"键确定，进行自动调谐。

23. 匀场：输入"topshim"命令，按"Enter"键确定，进行匀场。

24. 采样增益：输入"rga"命令，按"Enter"键确定，进行采样增益。

25. 输入"zg"命令，按"Enter"键确定，开始测试，得到谱图。

26. 测试完毕，输入"ej"上升气流命令，按"Enter"键确定，将样品管顶出样品腔。

27. 单击放置在样品腔的核磁管，弹出取出放回命令，单击该命令，将核磁管放回至配样室实验桌面。

28. 一维谱输入"efp"命令，二维图谱输入"xfb"命令进行傅立叶变换，得到谱图。

29. 谱峰标定：点击菜单栏中的"Process"，在二级菜单中点击"Pick Peaks"，进入视图，然后进行标峰操作。

30. 点击"∫integrate"，在该积分下拉菜单中选择"Auto-Integrate（int auto）"命令，将图谱进行自动积分。

31. 点击菜单中的打印按钮，得到样品信息报告。点击"保存报告"，在弹出的窗口中选择保存路径，填写保存名字。

32. 关闭空气压缩机。

33. 关闭软件 Topspin3.2，关闭 Serial-com1。

34. 关闭机柜内部开关（先关 AQS，再关 BSMS）。

35. 关闭机柜总开关。

36. 关闭电脑电源。

附　录

附录1　紫外-可见分光光度计的维护

一、影响紫外-可见分光光度计稳定性的因素

紫外-可见分光光度计是一种集光、机、电、计算机为一体的高精密仪器，影响其稳定性的因素较多，除仪器本身外主要是电源和环境。紫外-可见分光光度计对电源的要求比较高，如交流供电电源的电压波动≤1％，电源频率为（50±1）Hz。在市电稳定性极差的情况下，若不用或使用性能很差的交流电源稳压器，在分析测试时，肉眼可以很明显看出电源电压出现大幅度的波动。如果采用自发电，其电源频率很不准，有的只有40Hz左右，而仪器里面的滤波、噪声等电路设计都是根据（50±1）Hz的频率来考虑的，按50Hz及其倍频来设计。特别是噪声，在许多光谱仪器设计时主要考虑50Hz、100Hz等频率的噪声。如果采用的电源频率偏高（50±1）Hz，将会严重影响紫外-可见分光光度计的噪声及其稳定性，因此，一台紫外-可见分光光度计要专门配备一台电源稳压器。

环境也是影响紫外-可见分光光度计稳定性的重要原因之一。环境因素主要包括电磁场、尘埃、温度、震动及实验室环境等。电磁场的干扰是影响其稳定性的重要因素，一般来讲，安放紫外-可见分光光度计的房间，应远离电磁场，只要存在足以干扰分光光度计工作的电磁场都是不允许的。

灰尘会沾污光学元件，使光学元件的反射率降低，杂散光增大，从而影响紫外-可见分光光度计的灵敏度，造成分析测试的误差增大。因此，安装紫外-可见分光光度计的房间，要求干净、通风防尘。同时还要注意紫外-可见分光光度计放置的位置，不应放置在太阳光直射的地方。尤其在夏天，室内温度高加之太阳光直射，会导致仪器内部温度过高，影响其稳定性。但也不能放置在阴暗潮湿的地方，因为仪器受潮会导致部分元件工作不正常，或使有关的元器部件损坏，造成仪器无法工作。另外还要注意防震，紫外-可见分光光度计可放置在稳重结实的实验台上，并远离周围的震动源。

实验室环境也是一个不可忽略的因素。如实验室放有挥发性的有机溶剂、酸以及其它挥发性的化学药品，这些具有挥发性的有机溶剂、酸以及化学药品会随挥发附着在样品窗、光源或仪器内部光学元件的表面，而且有些挥发性的有机溶剂在紫外区有很强的吸收，导致噪声信号增加，对测定结果造成干扰。因此在放有分光光度计的房间内尽量少放置具有挥发性的化学试剂。

二、紫外-可见分光光度计的日常维护方法

仪器操作过程主要受光源、波长、吸收池以及相应方法的影响，为了保证紫外-可见分光光度计的稳定性和可靠性，仪器管理人员要对分光光度计进行有效的日常保养和维护，可以以下几方面着手。

（1）经常开机

如果仪器不经常使用，最好每星期开机 1～2h。这样一方面可去潮湿，避免光学元件和电子元件受潮，同时也可避免各机械部件生锈，以保证仪器的正常运作。

（2）经常校验仪器的技术指标

校验仪器的技术指标是一件非常重要的工作。一般每半年检查一次，一旦发现某项技术指标有问题，可根据具体问题做一些排查，找出问题原因，如果找不出原因或找出原因无法解决则应及时联系工程师。让仪器"带病"工作不仅仪器分析测试的数据不可靠，还容易损坏仪器，造成更严重的后果。

① 波长准确度　波长准确度是指仪器显示的波长数值与单色光的实际波长值之间的误差，由于硫酸镍溶液于 460nm、550nm 波长处的读数相关联，一个升高另一个则降低，用硫酸镍溶液（硫酸镍溶液的制备：将硫酸镍溶于 0.1% 的硫酸中，用量的多少以在 510nm 测得的透光度达 80%T 为准）监测紫外-可见分光光度计的日常工作状态。方法如下：在不同时间，分别测定波长为 400～700nm 处硫酸镍溶液的吸光度，记录数值并保存，比较前后两次数据的相对误差，即可知仪器波长的准确度。

② 测量重复性　测量重复性关乎测量数据的有效性，定期进行重复性检查。在波长、工作状态、电源电压、吸收池配套等合格的前提下，进行重复性检查。将分析纯重铬酸钾置于 150℃烘箱中干燥 2h，取出，放置在干燥器中冷却，精准称量 0.6006g 重铬酸钾于 1000mL 容量瓶中，用 0.1mol・L^{-1} 的硫酸溶液溶解并定容，于波长分别为 235nm，440nm 处对该溶液连续测 3～5 次，计算测量结果的最大误差，小于 1%T 即为合格。选择每季度对紫外-可见光区进行监测，以保证仪器在使用有效期内处于可靠状态。

③ 杂散光　杂散光是非信号波长的光辐射照射在探测器像元上产生的误差信号，是紫外-可见分光光度计分析误差的主要来源，杂散光的高低直接影响测量浓度的上限。杂散光的产生与光学元件老化、脏污、错位、损坏有关，也与整台机器光敏部位的密封不严有直接关系。定期检查杂散光有利于及时发现仪器问题，起到防患于未然的作用。方法如下：监测紫外光区杂散光波长为 220nm，先用蒸馏水调零，然后在石英吸收池中倒入适量（10±0.1）g・L^{-1} 的 NaI 溶液，若 NaI 的吸光度大于 2.00，则为正常；监测紫外光区杂散光波长为 360nm，先用蒸馏水调零，然后在石英吸收池中倒入适量（50±0.1）g・L^{-1}NaNO$_2$ 溶液，若 NaNO$_2$ 的吸光度大于 2.00，则为正常。

（3）保持机械运动部件活动自如

紫外-可见分光光度计有许多转动部件，如光源转换机构、狭缝的传动装置、光栅的扫描装置等。仪器管理人员对这些活动部件，应经常加一些仪表油，以保证其活动自如。一些不易触及的部件，可以请维修工程师帮助完成。

（4）定期清理吸收池架及石英窗

紫外-可见分光光度计是使用比较频繁的仪器，实验人员在使用分光光度计进行比色时

有时会因操作不当，将比色液洒到吸收池架上（许多比色液还具有腐蚀性），如不及时清理会腐蚀吸收池架并污染吸收池，另外还会使石英窗透光性下降直接影响光信号强度。

附录2　红外吸收光谱仪的维护

一、日常维护

1. 环境控制

红外光谱仪应放置在环境清洁、无强烈振动、无腐蚀性气体、无电磁干扰的恒温恒湿房间内。室内温度应控制在 17～27℃，相对湿度维持在 50％左右。

2. 光学系统保养

光学系统应密闭防尘，防腐蚀，防止产生机械摩擦。光源在安装和更换时要十分小心，使用时温度不宜过高，以延长使用寿命。

3. 传动部件润滑

定期润滑仪器的传动部件，以保持运转轻便灵活。

4. 性能检查

仪器放置一段时间后，再次使用前应对其运行性能进行认真检查，确保仪器正常工作。

5. 干燥剂更换

定期检查并更换干燥剂，以保持仪器内部的干燥。当电子湿度指示灯显示需要更换时，应立即更换样品仓和干涉仪仓内的干燥剂。

6. 清洁

使用干净柔软的布轻轻擦拭仪器表面，显示屏和按键板可以使用纯净水或无纺布沾湿后擦拭。光源部件应使用专用清洁剂，并根据说明书进行清洁，避免使用腐蚀性清洁剂。

7. 样品制备

确保样品制备适当，避免存在杂质或空气泡。使用前，样品应适当研细，并在 120℃以上烘干后置于干燥器中备用。

8. 记录和报告

建立技术档案和实验记录本，记录使用和维护情况。

二、常见故障及应对方法

在平时的使用过程和操作过程中，必须严格遵守操作规范。平时出现故障或者异常情况时，应将其第一时间反馈给检测人员。

1. 仪器不能开机

造成红外光谱仪不能开机通常有以下几种原因：

（1）电缆没有插紧或者接触不良；

（2）控制开关无法开启；

（3）电源没有打开或者电源故障。

在出现仪器不能开机的情况时，应先检查电缆的插紧情况以确保其能实现正常的通电。如果电力没有问题，则要检查控制开关是否故障，或检查电源是否预先打开或者已经坏掉。

2. 噪声干扰

在使用过程中，红外光谱仪有时可能会有噪声干扰，这可能是由外部干扰或者仪器内部故障所导致。在这种情况下，可以尝试使用屏蔽材料来减少外界干扰。也可能是仪器内部出现故障，因此需要关闭仪器的电源并重新尝试。

3. 光谱信号无法识别

如果红外光谱仪出现光谱信号无法正常识别，可能是由于以下几种原因：
（1）试样不正确或者样品制备不当；
（2）试样室中有杂质影响分析；
（3）红外光谱仪的灵敏度出现偏差或故障。

如果怀疑是试样或制样的问题，建议重新制备样品。如果在尝试解决试样问题后，仍然不存在信号，可能就需要重新校准仪器。

附录 3　原子吸收光谱仪的维护

一、日常维护

1. 仪器表面清洁

使用蘸有水或中性洗涤剂的软布擦拭仪器表面，去除灰尘和污渍。严禁使用有机溶剂，以免损伤仪器表面。特别注意样品舱的光路窗口和空心阴极灯的石英窗，这些部件容易受到灰尘或指纹的污染，影响分析结果。可使用蘸有甲醇或乙醇水溶液的软擦镜纸进行清洗。

2. 光源维护

空心阴极灯作为关键光源部件，需要定期维护。长期搁置不用的灯应每隔 23 个月点燃 23 小时，以保持灯的性能。使用一段时间后，空心阴极灯可能会因衰老导致发光不稳、光强减弱等问题。此时可用激活器激活，或将灯反接后在最大工作电流下通电处理，以延长使用寿命。取装元素灯时应拿灯座，避免灯管破裂或通光窗口被沾污。如有污垢，可用脱脂棉蘸上无水乙醇和乙醚混合液轻轻擦拭。

3. 气体系统维护

检查气体钢瓶和仪器之间的连接器，防止泄漏。特别是更换钢瓶后，应使用肥皂水或专用泄漏检测器进行检测。定期检查橡胶软管和仪器之间的连接，以防磨损和开裂。确保气体供应的连续性，传送压力稳定。对于空气，应安装过滤器以保证其洁净、干燥和无油。

4. 雾化燃烧系统维护

分析任务完成后，应继续点火喷入去离子水约 10 分钟，以清除雾化燃烧系统中的微量样品残留。每周或根据分析样品浓度情况，对雾化燃烧器系统进行清洗。特别是使用有机溶液或高浓度盐溶液后，应立即清洗以防止腐蚀和堵塞。

5. 废液处理

及时清空废液罐中的废液，并用自来水冲洗废液罐。如果使用了有机溶剂，更应注意废液的安全处理。

二、定期维护

1. 每月维护项目

检查撞击球是否有缺损和位置是否正常，必要时进行调整。检查毛细管是否有阻塞，若有，应按说明书要求疏通。注意疏通时只能用软细金属丝，避免损坏毛细管。检查贮气罐有无变化，有变化时检查泄漏并处理。同时检查阀门控制是否正常。

2. 每年维护项目

请厂家维修工程师进行一次全面的维护性检查，确保仪器各部件性能良好。

三、石墨炉系统维护

1. 石墨管维护

更换石墨管时，应使用清洁器或清洁液清洗石墨锥的内表面和石墨炉炉腔，除去碳化物沉积。新的石墨管安放好后应进行热处理（空烧），重复 3～4 次以提高其稳定性。

2. 自动进样器维护

经常检查自动进样针的位置是否准确，确保其能够准确取样。清洗毛细管进样头，如有严重弯曲或变形应及时更换。

四、紧急情况处理

在仪器工作时遇到突然停电、停水或燃气泄漏等紧急情况，应迅速关闭相关电源和气源，将仪器各部分控制机构恢复到停机状态。待问题解决后，再按仪器操作程序重新开启。

附录 4 电化学工作站的维护

一、日常维护

1. 日常清洁

定期使用柔软的布或无尘纸擦拭仪器外壳，避免使用有机溶剂或腐蚀性清洁剂。清洁电极时，应使用去离子水或乙醇等无腐蚀性溶剂，去除电极表面的污染物。

2. 电极维护

电极是电化学工作站的关键部件，需定期检查电极表面是否有腐蚀、污染或划痕。若电极表面出现小划痕或轻微氧化，可使用研磨机或抛光机进行修复。若电极严重损坏，则需更换新电极。长期不使用的电极应妥善保存，避免与空气直接接触导致氧化。

3. 电解液管理

使用新鲜制备的电解液，并确保其纯度和浓度符合实验要求。在实验结束后，应及时清理电解池，避免电解液残留对仪器造成腐蚀。

4. 系统校准

根据制造商的建议，定期进行电位和电流的校准。使用标准的校准溶液和已知的电化学反应来验证工作站的读数是否准确。

5. 软件与硬件检查

定期检查和更新控制软件，确保使用最新的算法和修正。检查电源线、插头和连接器是否完好无损，确保接地良好，以避免电气故障或安全事故。

二、电位滴定仪

1. 外部管路检查

定期检查设备外部管路是否有破损、严重老化情况，若存在请及时更换，避免漏液及造成结果误差。

2. 部件清洗

使用纯水冲洗搅拌桨、电极、馈液管等部件，将电极保存于相应缓冲液中。
长期停用时，建议清空并清洗滴定管。

3. 重新启用准备

重新启用设备时，应先断开仪器主机背面与电源适配器的连接，检查无异常后再连接，并按压设备正面电源键完成开机。重新填充滴定管，标定滴定液浓度后即可开始实验。

三、卡尔费休水分仪

1. 外部检查与清洗

检查设备外部管路或线缆是否有破损、严重老化情况，若存在，请及时更换。排空并拆除滴定杯，使用适当的溶剂清洗电极、搅拌子及杯壁等组件，干燥放置。

2. 试剂管理

对于余量不多的试剂，建议清空。若余量较多，应使用原试剂瓶盖密封避光保存。

3. 重新启用准备

重新启用设备时，同样需先断开仪器主机与电源适配器的连接，检查无异常后再连接，并按压设备正面电源键完成开机。重新填充滴定管、加注无水甲醇等溶剂，标定滴定液浓度后即可开始实验。

四、其他注意事项

1. 环境控制

确保电化学仪器放置在稳定的环境中，避免温度波动、湿度过高或过低以及振动等可能影响设备性能的因素。

2. 维护记录

建立维护日志，记录每次维护和校准的日期、操作内容和结果，以便跟踪设备的性能变化。

3. 专业培训

操作人员应接受专业培训，了解仪器的使用方法、维护要求和故障排除方法。

附录 5　气相色谱仪的维护

一、日常维护

1. 清洁仪器表面

每天使用结束后，用干净的抹布轻轻擦拭仪器表面，保持仪器整洁。

2. 检查气体管道

确保气体管道连接紧密，无漏气现象。如有异常，及时处理。

3. 检查进样针

进样针是仪器的关键部件，需要定期清洗。使用专用清洗溶剂清洗进样针内部和外部，确保无残留物。

4. 清洗色谱柱

根据需要，定期更换色谱柱或进行色谱柱清洗。使用合适的溶剂清洗色谱柱，排除污染物。

二、定期维护

1. 进样口维护

一般建议进样 200 针后应对隔垫进行更换，同时，必须检查衬管是否受到污染、是否有残渣、是否有破损。更换频率通常与样品性质相关。注意：更换隔垫或衬管时必须戴上无尘手套，禁止皮肤直接与隔垫接触。在拧紧隔垫盖帽时，手紧即可。过紧将使隔垫失去弹性，最终导致进样口漏气。

2. 色谱柱维护

将进样口、检测器及柱箱温度关闭，等待降至室温后，关闭载气。使用扳手拧松进样口端螺母，取下色谱柱及石墨圈。进样口端的石墨圈可重复使用 2～3 次。如果石墨圈取下再装上，应将柱子前端割掉 1～2mm 以除去可能掉入色谱柱内的石墨碎屑。

3. 气体更换

当载气瓶压力在 2MPa 时，应考虑更换气体。换气时，先准备好新的气源，拆下后立即换上。在更换新气源时，如果接口较脏，先擦干净再装减压阀。气体更换完成后，先将气瓶总阀打开，顺时针拧紧分压阀至 0.6MPa 左右，同时将气相上的载气打开，保持 10min 后，再打开气相各项温度。

4. 气体过滤器

对于任何一个经常使用的色谱仪，气体过滤器都是必需的。定期更换气体过滤器，确保工作正常，同时保持仪器的性能。

5. 空气压缩机

定期更换空气压缩机机油，清洗空气过滤器，确保仪器供气稳定。

6. 仪器精度检查

定期对仪器进行精度检查，确保仪器分析结果准确可靠。

7. 仪器校准

根据仪器使用要求，定期进行仪器校准，保证分析结果的准确性。

8. 整体清洁

定期对仪器进行整体清洁，包括电路板、加热器等部件。使用无水乙醇或分析纯级别的溶剂进行清洁。

9. 预防性维护

根据仪器使用频率和寿命，制订预防性维护计划，包括定期检查、保养和维修。

三、其他注意事项

1. 在进行维护保养时，务必切断电源，避免带电操作。维护保养过程中，需使用合适的工具和材料，避免不兼容或损坏仪器部件。
2. 维护保养完成后，务必进行测试验证，确保仪器性能正常。
3. 在使用过程中如发现异常气味或声音，应立即停机检查并排除故障。
4. 仪器的通风和散热系统需保持良好的工作状态，以保证仪器长时间稳定运行。

附录 6 液相色谱仪的维护

一、日常维护

1. 清洁和清洗仪器

定期对仪器外表特别是凹角部位做深度清洁，定期清洗和清理液相色谱仪的内部，包括流动相管道、检测器、色谱柱等部分，以防止堵塞和污染。

2. 溶剂管理

水相当天使用，缓冲盐现配现用，防止微生物生长，有机溶剂对于光照较敏感，建议使用棕色的溶剂瓶装有机溶剂，更换有机相时应当弃去瓶底剩余的溶液；尽量不使用或少使用高黏度的流动相，尽量避免杂质微粒进入，流动相在放入仪器之前需要过 $0.45\mu m$ 滤膜和脱气，实验室最常用超声脱气 $10\sim15min$。

3. 检查泵密封和柱塞杆

定期检查液相色谱仪的泵密封和柱塞杆，确保其正常运转。若发现密封圈磨损或往塞杆有异物堵塞，应及时更换或清理。

4. 更换过期或损坏的零件

随着使用时间的增长，液相色谱仪的一些零件可能会过期或损坏，如流动相过滤器、单向阀等，发现这些零件出现问题时，应及时更换，以保证仪器的正常运转。

二、定期维护

1. 过滤头维护

需定期用甲醇：水＝1：1超声30min，必要时可用30％硝酸超声30min，再用大量纯水超声清洗干净。

2. 高压泵的维护

高压泵是液相色谱仪的核心部件，需保证泵腔处于湿润状态，定期检查柱塞杆清洗液、洗针溶液是否充足，每次开机时，需要灌注（Purge）所有流路，当仪器压力出现波动时，在排除色谱柱、在线过滤、流通池因素后，可清洗单向阀，更换柱塞杆、密封圈等常用耗材。

3. 色谱柱管理

使用色谱柱前认真阅读使用说明书，按照说明书上的溶剂进行活化，注意色谱柱的pH稳定范围，尽量不超过色谱柱的pH范围，定期清洗色谱柱并测定柱效，分析结束后，用流动相或适当的溶剂清洗色谱柱。如色谱柱长期不用，应该用适当的有机溶剂保存并封闭或定期给柱子补充合适的流动相。对于反相柱，可以储存于纯甲醇或乙腈中，正相柱可以存放于严格脱水后的纯正己烷中，离子交换柱可以储存于水中。

4. 自动进样器维护

定期清洗自动进样器的针和管路，用棉签清理自动进样器周围的灰尘，保证自动进样器处于无尘状态；在满足灵敏度的情况下，尽可能使用小进样量，避免出现溶剂效应或过载现象。

5. 检测器维护

检测器包括流通池、灯源等，流通池需要定期清洗，防止流通池被堵塞；光源是消耗品，通常紫外灯的寿命是2000h，当到达这个时限的时候，就要特别关注灯的能量状况，可以通过仪器维护软件中自带的"灯能量测试"功能来判断，一旦某个波长段的测试结果显示失败，就表示需要更换灯。

6. 系统检定

根据制造商的建议和液相色谱仪的检定标准，定期使用标准物质（萘）对仪器的灵敏度、基线噪声、基线漂移、信噪比、定性重复性等进行检定，确保仪器处于良好的状态。

参 考 文 献

[1] 张剑荣，余晓东，屠一锋，等．仪器分析实验．2 版．北京：科学出版社，2009.

[2] 叶宪曾，张新祥．仪器分析教程．2 版．北京：北京大学出版社，2006.

[3] 陈培榕，李景虹，邓勃．现代仪器分析实验与技术．2 版．北京：清华大学出版社，2006.

[4] 武汉大学．分析化学（下册）．6 版．北京：高等教育出版社，2018.

[5] 叶美英，程和勇，邱瑾．仪器分析实验．北京：化学工业出版社，2017.

[6] 唐仕荣．仪器分析实验．北京：化学工业出版社，2016.

[7] 郁桂云，钱晓荣，吴静，等．仪器分析实验教程．2 版．上海：华东理工大学出版社，2015.

[8] 王世平．现代仪器分析实验技术．北京：科学出版社，2015.

[9] 白玲，石国荣，王宇昕．仪器分析实验．2 版．北京：化学工业出版社，2017.

[10] 陈国松，陈昌云，孙尔康．仪器分析实验．2 版．南京：南京大学出版社，2015.

[11] 胡坪，王月荣，王氢，等．仪器分析实验．3 版．北京：高等教育出版社，2016.

[12] 施良和．凝胶色谱法．北京：科学出版社，1980.

[13] 郑昌仁．高聚物分子量及其分布．北京：科学出版社，1986.

[14] 成跃祖．凝胶渗透色谱法的进展及其应用．北京：中国石化出版社，1983.

[15] 邹学贤．分析化学．北京：人民卫生出版社，2006.

[16] 薛华，李隆弟，郁鉴源，等．分析化学．2 版．北京：清华大学出版社，2005.

[17] 钟佩珩．分析化学．北京：化学工业出版社，2001.

[18] 华东理工大学，四川大学．分析化学．7 版．北京：高等教育出版社，2018.

[19] 谷春秀．化学分析与仪器分析实验．南京：南京大学出版社，2012.

[20] 董慧茹．复杂物质剖析技术．3 版．北京：化学工业出版社，2020.

[21] 锡林，刘晓庚，邱凤仙．分析化学．3 版．武汉：华中科技大学出版社，2024.

[22] 王芬，王艳芳．分析化学实验．北京：中国农业出版社，2007.

[23] 李云雁．实验设计与数据处理．4 版．北京：化学工业出版社，2024.

[24] 孙培勤，孙绍晖．实验设计数据处理与计算机模拟．北京：中国石化出版社，2018.

[25] 刘振学，王力．实验设计与数据处理．2 版．北京：化学工业出版社，2015.

[26] 刘方，翁庙成．实验设计与数据处理．重庆：重庆大学出版社，2021.

[27] 卢士香，齐美玲，张慧敏．仪器分析实验．北京：北京理工大学出版社，2017.

[28] 陈莉．凝胶渗透色谱测定聚电解质分子量及分子量分布的研究．武汉：武汉理工大学，2010.

[29] 彭静．阳极溶出伏安法同时测定高钠盐和磷酸盐食品中铅镉的研究．昆明：昆明理工大学，2016.

[30] 张晔霞，刘琳娟，陈秀梅．阳极溶出伏安法、石墨炉原子吸收法测定海水中总铬的方法比较研究．环境科学与管理，2018，43（7）：133-137.

[31] 党雪平，贾莉，万小婷，等．库仑滴定法实验教学绿色化的改进与实践．实验室研究与探索，2015，34（6）：173-175.

[32] 谢梦婷，黄晓兰，罗辉泰，等．超高效凝胶色谱法测定聚乙二醇衍生物的分子量及其分布．分析测试学报，2017，36（11）：1312-1317.

[33] 李云巧．仪器分析检测过程中的质量控制．化学分析计量，1996（1）：36-39.

[34] 徐君．仪器分析检测过程中的质量控制．化工设计通讯，2017，43（3）：90-90.

[35] 中国科学技术大学化学与材料科学学院实验中心．仪器分析实验．安徽：中国科学技术大学出版社，2011.

[36] 陈浩．仪器分析．3 版．北京：科学出版社，2016.

[37] 白玲，郭时会，刘文杰．仪器分析．北京：化学工业出版社，2019.

[38] 刘志广．仪器分析．北京：高等教育出版社，2007.

[39] 刘约权．现代仪器分析．3 版．北京：高等教育出版社，2015.

[40] 魏福祥．仪器分析实验．北京：中国石化出版社，2013.

[41] 于世林．高效液相色谱方法及应用．3 版．北京：化学工业出版社，2019.

[42] 宓捷波，许泓．液相色谱与液质联用技术及应用．北京：化学工业出版社，2018.

[43] 翁诗甫．傅里叶变换红外光谱仪——分析仪器使用与维护丛书．北京：化学工业出版社．2005.